高等职业院校课程改革项目优秀教学成果
面向"十三五"高职高专教育精品规划教材

园林景观规划设计（第2版）

江芳　郑燕宁　编著

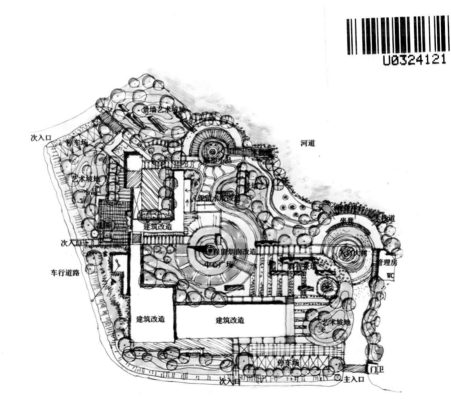

北京理工大学出版社
BEIJING INSTITUTE OF TECHNOLOGY PRESS

内 容 提 要

本书共分六个模块，主要包括现代园林景观规划设计概述、园林景观规划设计原理、园林景观规划设计程序、园林景观规划设计原则和方法、园林景观设计任务分析及不同类型园林景观设计实践等内容。

本书可供高职高专风景园林设计专业、园林技术专业、环艺类景观设计专业教学使用，也可供相关行业人员参考使用，还可作为景观设计资格证书培训、考试的参考资料。

图书在版编目（CIP）数据

园林景观规划设计／江芳，郑燕宁编著.—2版.—北京：北京理工大学出版社，2017.2（2017.3重印）

ISBN 978-7-5682-3437-5

Ⅰ.①园… Ⅱ.①江… ②郑… Ⅲ.①园林设计－景观设计－高等学校－教材 Ⅳ.①TU986.2

中国版本图书馆CIP数据核字(2016)第298484号

出版发行／北京理工大学出版社有限责任公司

社　　址／北京市海淀区中关村南大街5号

邮　　编／100081

电　　话／（010）68914775（总编室）
　　　　　（010）82562903（教材售后服务热线）
　　　　　（010）68948351（其他图书服务热线）

网　　址／http://www.bitpress.com.cn

经　　销／全国各地新华书店

印　　刷／北京久佳印刷有限责任公司

开　　本／889毫米×1194毫米　1/16

印　　张／9　　　　　　　　　　　　　　　　　　　责任编辑／李玉昌

字　　数／254千字　　　　　　　　　　　　　　　　文案编辑／刘　派

版　　次／2017年2月第2版　2017年3月第2次印刷　　责任校对／周瑞红

定　　价／49.80元　　　　　　　　　　　　　　　　责任印制／边心超

图书出现印装质量问题，请拨打售后服务热线，本社负责调换

2013年"园林景观规划设计"被评为广东省以及艺术类高职高专教指委精品共享课程。在课程建设过程中，依据教育部精品课程的高标准要求，确定了本课程的主要核心目标、任务和岗位要求，同时积累了大量的材料与案例。基于对学生的学习、研究及实际工作有所帮助的愿望，本书吸收了园林景观规划设计方面的最新研究内容、趋势和方向，收集了有关景观规划设计方面的各种法规、条例，书中采用的图文、照片及实例介绍力求简明扼要，易于理解和掌握。同时，本书从居住区环境设计、城市滨水区设计、主题公园设计及新型的城市绿地系统设计等方面来研究最新的景观设计，并且针对人才培养要求，结合园林专业的教学特点，利用大量的成功企业案例和学生课题的实用步骤和方法，突出对学生实践操作能力的训练和培养，加强学生对植物的造景设计等应用型技能的阐述。尤其在项目教学和模式上，与同类书相比，它在工学结合、以任务为导向的项目教学、情境教学等方面更贴近企业与市场要求，内容新颖独特，具有很好的实用性、广泛性。

为了促进高职高专风景园林设计专业的建设和满足"园林景观规划设计"课程教学的需要，本书编者结合具体的设计项目，让学生对园林规划设计项目有一个整体的认识，特意组织修订了本书。在修订过程中，编者增添了一些新的案例，补充了课程整体设计，并增加了实训项目内容。本书旨在让学生在具体的项目设计中，既能复习基本的理论知识，又能掌握一定的设计技能及技巧。

本书适用于风景园林设计专业、园林技术专业、环艺类景观设计专业教学、风景园林应用型本科院校以及相关企事业单位、行业及园林景观设计资格证书培训考试需要。

很高兴本书的第一版在出版后得到了许多积极的反响，同时希望这次再版能对学生、教师和专业人员有更大的帮助。本书在论述过程中引用了一些国内外的设计实例、图片和论

述，在此表示感谢。同时，也感谢顺德职业技术学院设计学院所有教师和学生（特别是朱英润同学），感谢叶春涛等毕业多年的学生以及一直给予支持的广东珠江园林建设有限公司，最后感谢出版社各位编辑的鼎力支持和帮助。

由于编者时间和水平有限，书中的不妥之处在所难免，恳请广大读者批评指正。

编　者

　　江芳，女，1973年出生，江西萍乡人，毕业于中南林业科技大学，硕士学位，副教授，美国LEED绿色建筑认证咨询师，注册国际一级景观设计师，中日景观设计协会会员，华南理工大学建筑学院访问学者，历任柳州市园林规划建筑设计院设计室主任，广西柳州市城市绿化维护处设计室主任工程师，广东顺德规划设计院有限公司景观设计室主任工程师，广东佛山雷岗山园林绿化公司、广东珠江园林建设有限公司兼任设计总监等工作职务，现为顺德职业技术学院设计学院省级重点专业景观设计专业带头人、省级重点专业园林技术（现风景园林设计）专业负责人、园林景观教研室副主任，第二批广东省高职教育专业领军人才培养对象。

　　郑燕宁，男，1972年生，广西贵港人，毕业于中南林业科技大学，园林专业研究生、副教授，美国LEED绿色建筑认证咨询师，注册国际一级景观设计师，中日景观设计协会会员。历任广西柳州市城市绿化维护处园林公司经理、广西柳州市盛景园林有限公司总设计师，广东顺德城市规划设计院有限公司景观设计室主任设计师，广东佛山雷岗山园林绿化公司设计主管和广东珠江园林建设有限公司设计总监，现就职于顺德职业技术学院设计学院，从事园林规划景观设计教学工作。多年来，郑燕宁老师在国内外期刊和学术会议上发表诸如《以105国道为例浅析道路景观中的场地设计以及其乡土植物生态应用》等论文30多篇，出版教材3部，主持了诸如《江苏宜兴国际环保城景观设计》等近百项园林规划设计类项目工程，多次获得国内专业奖项。长期负责精品共享课程建设工作。主讲《园林工程施工管理》等多门广东省精品课及精品共享课程，承担广东省多个教改项目以及第二批广东省省级高职教育重点专业《园林技术》《探索高职艺术设计教育的景观"Workshop"模式，培养高素质技术应用性人才》等多个教指委教改项目和教指委精品课程，多次获得校级一、二、三等奖等教学成果奖，指导学生在全国范围内获奖达50多个。

目录

Contents

园林景观规划设计概述

项目一　园林景观规划设计相关概念

一、园林景观

园林景观（Landscape）是指土地及土地上的空间和物体所构成的综合体。它是复杂的自然过程和人类在大地上活动的烙印，是多种功能（过程）的载体和视觉审美过程的对象，是人类生活的空间和环境的重要组成部分，是一个具有结构和功能、内在和外在联系的有机系统。

二、园林景观建筑

园林景观建筑是园林景观建筑师运用地形、植物、组合材料等创造的具有各种用途和条件的空间，园林景观建筑学则是对天然和人工景观元素进行设计并使其统一的艺术和科学。

三、园林景观规划

园林景观规划（Landscape Planning）是指为了某些使用目的，将景观安排在最合适的地方和在特定地方安排最恰当的土地利用。

四、园林景观设计

园林景观设计（Landscape Design）是关于如何合理安排和使用土地，解决土地、人类、城市和土地上一切生命的安全与健康以及可持续发展问题的思维过程和筹划策略。它包括地方区域、新城镇及社区规划设计，公园和游憩场所规划设计，交通规划设计，校园规划设计，景观改造和修复，遗产保护，疗养及其他特殊用途区域设计等方面的内容。

园林景观设计是一门综合的艺术，既要求实用性又要求艺术性，需要由优秀的园林设计师和经验丰富的施工人员共同合作才能完成。

项目二　园林景观设计学及其与相关学科的关系

任务一　园林景观设计学的概念

园林景观设计学（Landscape Architecture）是关于园林景观的分析、规划布局、设计、改造、管理、保护及恢复的学科和艺术，是一门建立在广泛的自然科学和人文与艺术科学基础上的应用学科。这门学科尤其强调对土地的设计，即通过对有关土地及一切人类户外空间的问题进行科学理性的分析，提出问题的解决方案和解决途径，并监理设计目标的实现。图1.2.1.1所示即为设计完成的园林景观效果图。

图1.2.1.1　园林景观效果图

根据解决问题的性质、内容和尺度的不同，园林景观设计学分两个专业方向，即园林景观规划和园林景观设计。

任务二　园林景观设计学与相关学科的关系

园林景观设计学各相关学科的特性及其与园林景观设计学的关系如下：

（1）建筑学。建筑学的研究内容是专注于设计基于特定功能的建筑物，如住宅、公共建筑、学校和工厂等，而园林景观设计师所关注的是土地和人类户外空间的问题。

（2）城市规划。城市规划考虑的是为整个城市或区域的发展制订总体计划，它更偏向社会经济发展的层面。园林景观设计师则要同时掌握关于自然系统和社会系统两个方面的知识，懂得如何协调人与自然的关系，设计人地关系和谐的城市。

（3）市政工程学。市政工程主要包括城市给水排水工程、城市电力系统、城市供热系统、城市管线工程等内容。相应地，市政工程师则为这些市政公用设施的建设提供科学依据。园林景观设计师则需要综合地、多目标地解决问题，而不是为了单一目标去解决工程问题。

（4）环境艺术。环境艺术依赖于设计师的艺术灵感和艺术创造，而景观设计则需用综合的途径解决问题，在科学理性的分析基础上关注一个物质空间的整体设计。

园林景观设计师要综合运用建筑学、城市规划、市政工程学、环境艺术等相关学科知识，才能创造出更具美学价值和使用价值的设计方案。

项目三　现代园林景观设计的产生和发展

　　就现代园林景观设计学科的发展和职业化进程来看，美国是走在最前列的国家。在美国，景观规划设计专业教育是由哈佛大学首创的。从某种意义上讲，哈佛大学的景观设计专业教育史代表了美国景观设计学科的发展史。从1860年到1900年，奥姆斯特德等景观设计师在城市公园绿地、广场、校园、居住区及自然保护地等领域所做的规划设计奠定了景观设计学的基础，之后其活动领域又扩展到了主题公园和高速公路系统的景观设计。

　　在全世界范围内，英国的园林景观设计专业发展也起步较早。1932年，英国第一门园林景观设计课程在雷丁大学（Reading University）开设，之后很多大学于20世纪50至70年代设立了景观设计研究项目，景观设计教育体系相对而言也已成熟，其中，相当一部分院校的景观设计专业在国际上享有盛誉。

　　纵观国外的景观设计专业教育，其大多非常重视多学科的结合，从空间设计的基本知识出发，涉及的学科包括生态学、土壤学等自然学科，也包括人类文化学、行为心理学等人文学科，这种综合性进一步推进了学科发展的多元化。

　　由此可见，现代园林景观设计是在大工业、城市化和社会化背景下产生的，是在现代科学与技术的基础上发展起来的。现代园林景观设计的核心内容是城市与环境以及不同尺度的人居空间的设计，其都以人与自然的和谐为根本宗旨。

　　中国的城镇化已被公认为是21世纪全球最大的问题之一。目前中国的城镇化水平约为37%，在未来的10~15年之内将达到60%~70%，中国的人地关系将面临空前的紧张状态。设计人与土地、人与自然和谐的人居环境是当前中国城镇化的一大难题和热点，也是未来几个世纪的主题之一。

　　目前，中国的城市建设规模和速度都达到前所未有的状态，城镇发展成为当今和未来可预见时段内的一个令人鼓舞的社会发展主流。然而由于人们贪大求洋、破坏历史文化和风景名胜、好高骛远等陋习，城市建设的问题已十分严重。另外，中国的建筑、规划、环境、园林等设计学科分别设在建筑类（65%）、工程类（15%）、环艺类（15%）、林学类（5%）院校中，综合型设计高级人才目前十分短缺。以园林景观设计的姊妹专业——建筑学为例，中国目前只有相当于国际平均水平的1/10的设计师来做相当于国际同行人均5倍的设计任务，可见人才之短缺，而园林景观设计的情况则更加突出。

项目四　园林景观设计的实践范畴

　　景观规划与设计的概念和实践范畴是随着社会的发展而不断演变和扩充的。目前，景观规划与设计在理论研究方面取得了很大的进步，一方面，在运用新技术方面取得了一定的进展，包括场地设计、景观生态分析、风景区分析等都开始了对RS（遥感技术）、GIS（地理信息系统）和GPS（全球定位系统）的运用和研究。另一方面，在不同的国家，景观规划与设计具体的实践领域也有所差别，这不仅和学科本身的发展关系紧密，和当地实际的经济发展状况也有密切的关系。

　　同济大学刘滨谊教授认为，景观设计和景观工程实践的整体框架大致应该包括以下层次和内容：

　　（1）国土规划：自然保护区区划；国家风景名胜区保护及开发。

　　（2）场地规划：新城建设；城市再开发；居住区开发；河岸、港口、水域利用，开放空间与公共绿地规划、旅游游憩地规划设计。

（3）城市设计：城市空间创造；城市设计研究；城市街景广场设计。

（4）场地设计：科技工业园设计；居住区环境设计；校园设计。

（5）场地详细设计：建筑环境设计；园林建筑小品设计；店面、照明设计。

园林景观设计与建筑学、环境设计、城市规划等学科相互联系，相互促进，学科的发展不断融合。科技发展和社会的进步使人们认识到城市规划的重要性及环境和景观的价值。如今，世界各地的人们都开始关注城市的健康发展，关注如何营造一个良好的居住环境和生活空间，这也是园林景观设计与景观建筑学、城市规划学共同追求的目标。

项目五　园林景观设计师

园林景观设计师（Landscape Architect）是以园林景观设计为职业的专业人员，是工业化、城市化和社会化的产物。园林景观设计师工作的对象是以土地为基础的复杂的综合体，面临的是关于土地、人类、城市和土地上一切生命的安全与可持续发展的问题。

1980年6月1日，William K. Doerler在美国风景园林师协会的一份调查中，对园林景观设计师提出了如下定义：园林景观设计师是园林景观的规划者和设计者，他们将人类需求和生态需求结合在一起，创造其间的基本平衡，在工作中还要考虑合理用地和美学要求。园林景观设计师不但可以设计小的私家花园，而且具备规划新的城市及各种综合公园的能力。

园林景观设计师在制图和美术方面的功底使他们所绘制的设计图能够被承建商使用。设计师的创造性思想通过规划设计图表达成易于理解的形式。能够理解和编写详细的项目说明书是园林景观设计师必须具备的另一个技能，这样设计师的规划方案才能够被正确地实施。设计师对人与其周围环境之间相互关系的深刻理解，使其能够解决土地规划中的相关问题。

园林景观设计师在必要时需要对某些领域有专门

的研究，如高尔夫球场、市政公园、居住社区或地区的规划以及住宅用或商业用房地产等。另外，他们还应该熟悉植物栽培的必要条件和养护要点。

园林景观设计专业人员要对委托人、雇主、施工人员和园林行业负责，要为设计高质量的园林景观作品而努力。

经美国景观设计师协会允许，对该协会提出的组织声明和实践标准摘录如下。

组织声明

该协会成立于1989年2月，旨在组织景观园林设计业内人士，解决共同关注的问题。诸如：

（1）建立提供优质服务的标准。

（2）鼓励设计师通过参加继续教育和专业项目的培训，来达到和保持优质服务的标准水平。

（3）颁布和执行协会规定的行业共同实践标准。

（4）使设计师对于本行业的了解与行业研究领域中最新的资讯和发展动态保持同步。

（5）提供一个可以让设计师们相互交流思想并互相学习经验的论坛。

（6）将传统的景观园林设计定义的范围扩展到一些新的重要的领域，如环境的管理和重要历史文化景观的保护。

项目六　园林景观规划设计图纸的表现

任务一　园林景观规划设计图纸表现的意义

提到园林景观规划设计，人们就会想到在纸上绘制的蓝图，想到其中圆形的树篱和精美的花坛等。设计师为了捕获设计灵感，常常把想法记录到纸上。

园林规划方案之所以要绘制在纸上，其重要性在于：首先，它是一种评价的方式；其次，它是一种交流手段和一种思想表达方式。在设计过程中，设计师将头脑中孕育的想法记录在图纸上，目的是让其他人理解它。图纸必须将设计思想传达给建设方，同时也要传达给未来的施工者。更重要的是，规划设计图也是设计师向自己传达设计思想，或在设计过程中进行自我交流的手段。在设计过程中，设计师把各种各样的设计想法记录在纸上，可以将各空间区域联系起来，从而对设计思想的相容性进行比较。

任务二　园林景观规划设计图纸的基本知识

一、常用图纸尺寸

A0：841×1 189 mm；

A1：594×841 mm；

A2：420×594 mm；

A3：297×420 mm；

A4：210×297 mm。

二、常用标注方法

无论平面图上采用的图例是否清楚，标注说明都是不可或缺的。作为交流手段，园林景观规划设计图的有效性在很大程度上依赖于标注的位置及其形式的选择。通常，在园林规划设计图上，标注应简单、整洁、一致，以方便阅读。复杂的书写方式不适合用于园林规划设计图。

具有同一用途的标注，其大小应该保持一致。例如，平面图上的所有标注都应采用相同大小的字母，这样它们就不会互相干扰。但由于一些字母比其他字母宽，因而不应让它们的间距都相等。每一个单词中字母的间距应是平衡的。规划设计图上的不同部分可以采用不同大小的字母，如图名上的字号应比平面图上的大。根据图纸上标注的不同作用来协调字母的大小，有利于整张规划设计图的均衡和美观。

所有的标注都应放在便于人们参考的地方，并且如果地方足够，可以将植物名称直接标注在平面图上，也可以在单独的植物表中列出。将植物名称直接标在图上的优点是，可以使人快速了解植物的名称。如果图上早已被图例和字母填满，单独的植物列表则可以减少图面的杂乱。使用单独的植物列表还能提供更为详细的资料，如植物的学名、数量、大小、种植时的状况等均可包含在列表中。当不在平面图上单独标注植物时，就必须在园林规划设计图上单列一个植物表。当使用植物列表时，通常要在图纸和列表中使用相同的代号或字母来表示每种植物。

1. 标高标注

园林规划设计总图应标注建筑首层地面的标高、室外地坪和道路的标高及地形的高程数字，单位均为m。

标高标注的方式包括以下两种：

（1）将某水平面（如室内地面）作为起算零点，主要用于个体建筑物图样上，如图1.6.2.1所示。标高符号为用细实线绘制的倒三角形，其尖端应指至被标注的高度，倒三角的水平引伸线为数字标注线。标高数字应以m为单位，注写到小数点后的第三位。

（2）以大地水准面或某水准点为起点算零点，多用在地形图和总平面图中。数字标注的方法同上一种，标高符号用涂黑的三角形表示，具体标注方法如图1.6.2.2所示。

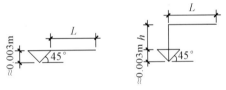

图1.6.2.1　个体建筑物在图样上的标高符号

图1.6.2.2　总平面图室外地平标高符号

2. 建筑定位轴线标注

为了方便施工时定位放线，查阅图纸中的相关内容，在绘制园林景观建筑图时应将墙、柱等承重构件的轴线按规定的编号标注，图1.6.2.3所示为建筑定位轴线标注。定位轴线用细点画线绘制，编号应注写在轴线端部直径为8 mm的细实线圆内，横向编号应用阿拉伯数字（1，2，3，…）按从左到右的顺序编写，竖向编号应用大写英文字母（A，B，C，…）按从下至上的顺序编写。为了避免与数字混淆，不得用

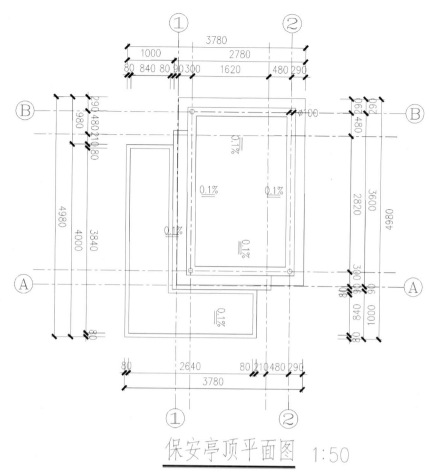

保安亭顶平面图　1:50

图1.6.2.3　建筑定位轴线标注

I、O和Z等字母标注。

3. 索引符号和详图符号标注

为便于查阅图样中某一部位的详图，规定采用索引符号和详图符号，以注明详图的位置、详图的编号和详图所在的图纸编号。

（1）索引符号。图1.6.2.4所示索引符号的圆及直径均用细实线绘制，圆的直径应为10mm，索引符号应按下列规定编写：

①索引出的详图，如与被索引的图样在同一张图纸上，应在索引符号的上半圆内用阿拉伯数字注明该详图的编号，在下半圆内画一段水平细实线。

②索引出的详图，如与被索引的图样不在同一张图纸上，应在索引符号的下半圆内用数字注明该详图所在图纸的图纸号。

③索引出的详图，如采用标准图，应在索引符号水平直径的延长线上加注该标准图册的编号。

④当索引符号用于索引剖面详图时，应在被剖切的部位绘制剖切位置线。

（2）详图符号。图1.6.2.5所示为详图符号的圆用粗实线绘制，圆的直径应为14 mm，详图符号应按下列规定标注：

①详图与索引的图样同在一张图纸上时，要在详图符号的圆内用阿拉伯数字注明详图的编号。

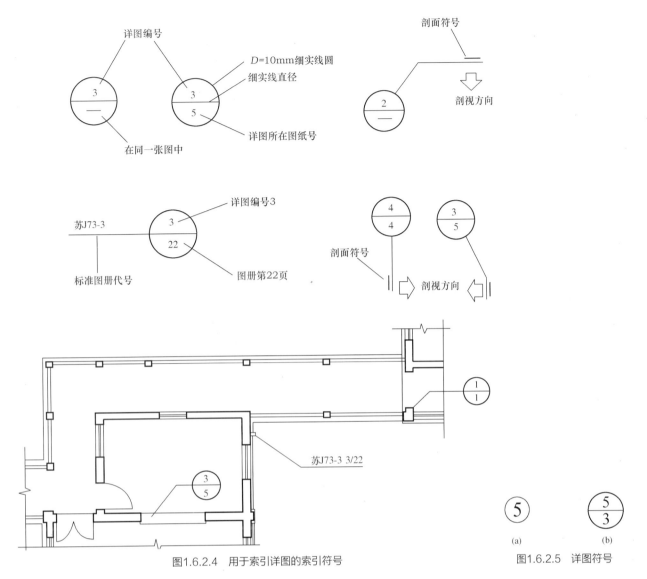

图1.6.2.4　用于索引详图的索引符号

图1.6.2.5　详图符号

　　②详图与索引的图样不在同一张图纸上时，应在详图符号的圆内用细实线画一水平直径，在上半圆内注明编号，在下半圆内注明被索引图纸的编号。

4. 比例标注

　　标注比例尺是园林景观规划设计平面图常用的定位方法，它可以反映图中所有设计内容的大致位置及相互关系，以便较清晰、直观地表达图中的设计内容。在此基础上，也可标注详细尺寸或坐标网，以更清晰地表达设计内容。

　　园林规划设计图是按绝对的比例尺绘制的，因此规划中一个单位长度精确地代表着一段更长的距离。设计图可以采用不同的比例，大的园林规划设计图通常采用1∶50，甚至1∶100、1∶200、1∶500、1∶1000的比例尺，园林景观平面图、立面图、剖面图常用的比例为1∶10、1∶20、1∶50，也可用表1.6.2.1中的其他比例。比例宜注写在图名的右侧，比例数字应与图名的底线齐平，字高比图名小一两个字号。通常一个图形只能用一种比例，但在地形剖面、建筑结构图中，水平和垂直方向的比例可不同，施工时应以指定的比例或标注的尺寸为准。

表1.6.2.1　图纸比例的选用

图纸名称	常用比例	可用比例
总平面图	1：500、1：1000、1：2000	1：2500、1：5000
平面图、立面图、剖面图	1：50、1：100、1：200	1：150、1：300
详图	1：10、1：20、1：50	1：25、1：30、1：40

5. 网格标注

曲线常用网格标注。网格尺寸应能保证曲线或图样的放样精度，精度越高，网格的边长应越短（图1.6.2.6）。

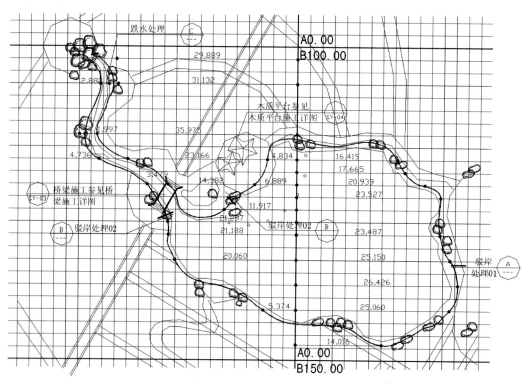

图1.6.2.6　水体施工网格放线图

6. 标题栏标注

标题栏是园林规划设计图中用来提供有关图纸的总体信息的部分，包括委托人名称、园林规划设计项目名称、图纸完成日期和设计师或绘图师姓名（或姓名缩写）。如果图纸为修改方案，还应对其加以标注，并注明修改日期。通常，将"景观园林设计"或"住宅区规划设计"等标题放在最前面。标题栏使可能不是很规范的存档变得易于检索。标题栏通常放在设计图的右下角，如果出于构图需要，也可以将其置于其他部位。

三、常见图纸画法示例

1. 方案构思图

景观设计方案构思图画法如图1.6.2.7所示。

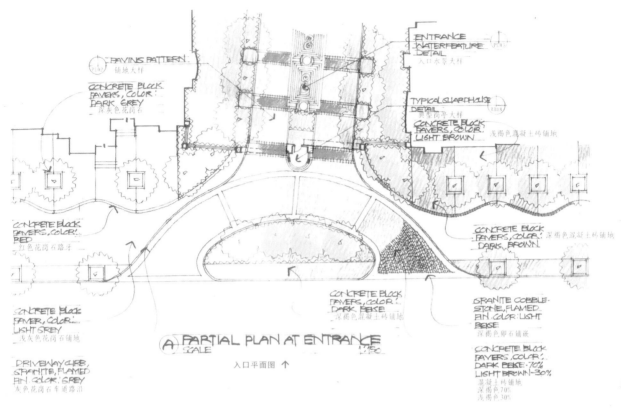

图1.6.2.7　小区景观设计方案构思图

2. 建筑立面图

园林景观建筑立面图画法如图1.6.2.8和图1.6.2.9所示。

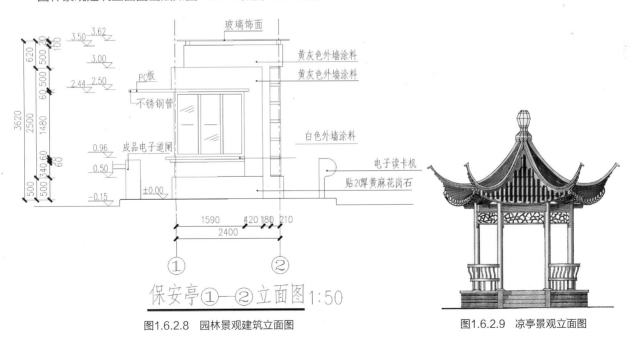

图1.6.2.8　园林景观建筑立面图

图1.6.2.9　凉亭景观立面图

任务三 地形图的表示方法

地形图主要采用图示和标注的方法表示。等高线法是地形最基本的图示标注方法，标注法主要用来标注地形上某些特殊点的高程。

一、等高线法

等高线法是指以某个参照水平面为依据，用一系列等距离的虚拟水平面切割地形后所得到的交线的水平正投影（标高投影）图来表示地形的方法。

当需表示地形中某些特殊的地形点时，可用十字或圆点标记这些点，并在标记旁注上该点到参照面的高程，高程常注写到小数点后两位。这些点常处于等高线之间。

二、坡级法

坡级法指在地形图上，用坡度等级表示地形的陡坡和分布的方法。坡级法常用于基地现状和坡度分析图中。

三、分布法

分布法是将整个地形的高程划分成间距相等的几个等级，并用单色加以渲染，各高度等级的色度随着高程从低到高的变化逐渐由浅变深。

任务四 园景平面的组成及表示方法

园林规划设计图上不同的图例代表不同的设计构成要素。植物通常用设计出的各种圆形球表示。圆形的直径代表植物成熟时所能达到的冠幅。通常在圆形的圆心绘制一个点或十字叉表示植物准确种植地点。图1.6.4.1中列出了一些常用的植物图例。

规划设计图上植物图例的选择取决于设计者个人的喜好和规划图的疏密程度。绘制较细致的图例较为生动，能更好地打动甲方。图例还可以让设计者表现树叶类型和质地，通过选择不同的图例来区分落叶树

和常绿树，可以使施工者进一步了解设计的内容。一些图例只是表示树木的外缘，使观者可以清晰地看到地被灌木，或在树冠下的种植池。那些精致地绘出了树木枝叶的图例却无法达到这样的效果，如果要在这样的树木图例下表现出其他对象的特征，就会使设计图显得杂乱，产生混淆。为了能够恰当地传达思想，图例的选择必须能够使平面图上所有表现对象都显得明快、整齐、不杂乱。

图1.6.4.1 常用植物图例

园林规划设计平面图中的其他因素通常用线条来表现。通过不同的质地表现地被覆盖、砾石、草坪等表面材料，可以清楚地区分它们。使用不同的图例表达不同元素，可以使平面图更容易识读和理解，同时还能提供鲜明的对照。做造价预算的测量是依照平面图进行的，因此，比例一定要准确。如果在一个内园使用了某种铺地砖，那么，它在图上就应该按照用砖的实际尺度以绝对比例绘制在图上。如果只是画了大概的形状，则人们在预算时就可能会误算砖的块数。如果植物不是按每株的尺寸绘制，就像地被植物那样，那么就要使用平方面积所代表的空间来提供预算所需的数据。

在园林规划设计图中，代表植物材料的图例的选择很大程度上取决于设计者。一些图例只代表外轮廓，一些代表质地，另一些则代表分枝形式。在各种园林规划设计图中，图例必须和谐统一，并且能清晰地表达设计理念。

一、树木的手绘表现

1. 平面表现

植物的平面图是用圆圈表示树冠的形状和大小，用墨点表示树干的位置和粗细（包括轮廓、分枝、枝叶、质感型），图1.6.4.2所示为植物的平面表示方式。植物的平面表现及常用植物图例如图1.6.4.3所示。

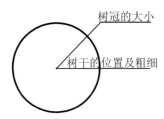

图1.6.4.2　植物的平面表示方式

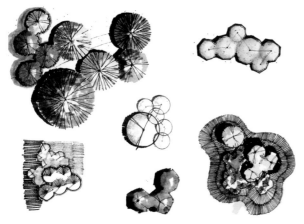

图1.6.4.3　植物的平面表现及常用植物图例

2. 立面表现

树木在平面图、立面图、剖面图中的表现手法和风格应保持一致，并应保证树木的平面冠径与立面冠幅相等，平面与立面对应，树干的位置处于树冠圆的中心（图1.6.4.4和图1.6.4.5）。

3. 树冠的避让

为了使图面简洁清楚、避免遮挡，基地现状资料图、详图或施工图中的树木平面可用简单的轮廓线表示，有时甚至可用小圆圈标出树干的位置。在园林规划设计图中，当树冠下有花台、花坛、花境、水面、石块等处于较低位置的设计内容时，树木的表现也不应过于复杂，要利用避让的方法，不要挡住下面的内容（图1.6.4.6）。如果要表示整个树群的平面布置，则可不考虑避让，而以强调树冠为主（图1.6.4.7）。

图1.6.4.4　树冠的几种表示方式

图1.6.4.5　树木立面表示方式

图1.6.4.6　树冠避让的表示方式

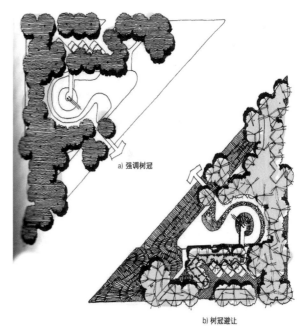

a) 强调树冠

b) 树冠避让

图1.6.4.7　强调树冠和树冠避让

4. 树木的平面落影

平面落影是树木平面的重要表示方法，它可以增强图面的对比效果，使图面生动明快，有真实感。平面落影与树冠的形状、光线的角度和地面条件相关。

不同质感的地面可采用不同的树冠落影方式（图1.6.4.8）。

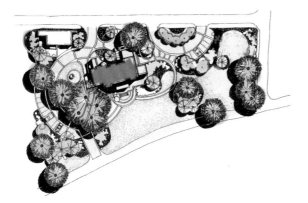

图1.6.4.8 树木的平面落影表示方式

5. 灌木与地被的表示方法

通常灌木丛生，没有明显的主干，平面形状有曲有直。自然生长的灌木的平面形状多不规则，宜用轮廓型和质感型表示，表示时以植栽范围为依据。修剪的灌木和绿篱的平面形状多为规则的，可用轮廓型、分枝型或枝叶型表示。

地被宜采用轮廓勾勒和质感表现的形式。作图时应以地被栽植的范围为依据，用不规则的细线勾勒出地被的轮廓。

灌木与地被的表示方式如图1.6.4.9所示。

6. 草地的表示方法

草地的表示方法有打点法、小短线法和线段排列法。

7. 指北针以及风玫瑰图

风玫瑰图是表示该地区风向情况的示意图，它分16个方向，根据该地区多年统计的各个方向风吹次数的平均百分数绘制。其中的粗实线表示全年风频情况，虚线表示夏季风频情况，风的方向从外吹向所在地区中心，最长线段表示该地区主导风向。指北针常与其合画在一起，用箭头方向表示北向（图1.6.4.10和图1.6.4.11）。

二、水体表示

水体的表示方法有线条法、等深线法、平涂法和添景物法（图1.6.4.12和图1.6.4.13）。

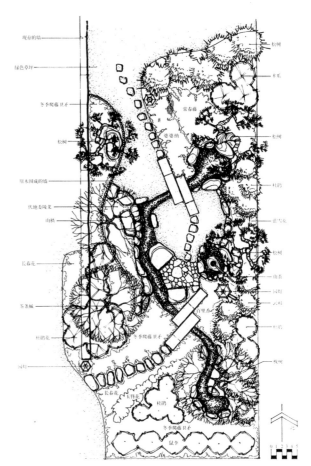

图1.6.4.9 灌木与地被的表示方式

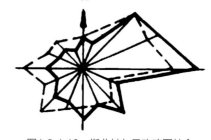

图1.6.4.10 指北针与风玫瑰图结合

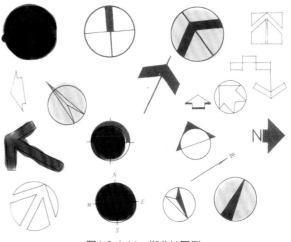

图1.6.4.11 指北针图例

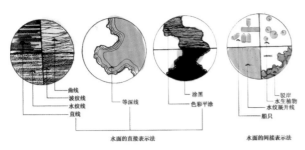

图1.6.4.12 水体的表示方法

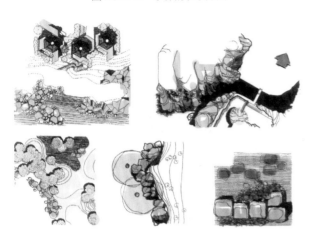

图1.6.4.13 水石表现

顺德学院碧桂湖景观设计

图1.6.4.14 顺德学院碧桂湖景观设计总平面图

三、有关园景表达的实例

1. 园景平面图

平面图就是构成园林实体的四大要素（地形、水体、植物、建筑物及构筑物）的水平面正投影所形成的视图，就像观察者从景观基地的正上空俯视一样，这是园林规划设计中最重要的一部分（图1.6.4.14）。园景的各线条组成了平面图的边界。

平面图是各种设计要素表现的综合。园林中相对固定的要素都应以准确的比例在平面图中表现出来，如住宅的围墙、车道、人行道、内庭等。地役权范围和建筑退后线用点划线表示，窗和门用代表建筑墙体的实线中间的空白表示，路面高差的变化用虚线表示（称为等高线），设计实施的地面高度变化用实线表示，代表设计的等高线。

平面图有方案平面图、施工平面图、分析平面图等。分析或构思阶段的平面图线条比较粗犷、醒目，多为徒手绘制，具有图解的特点，其中施工平面图表现较准确、细致。

2. 园景立面图

立面图是构成园林实体的四大要素的立面正投影所形成的视图（图1.6.4.15）。

3. 园景剖面图

剖面图是指某园景被一假想的铅垂面剖切后，沿某一剖切方向投影所得到的视图（包括园林建筑和小品等剖面），如图1.6.4.16所示。

4. 园景鸟瞰图

鸟瞰图是视点高于景物的透视图（图1.6.4.17）。鸟瞰图不仅包括在有限远处的中心投影透视图，还包括平行投影产生的轴侧图及多视点的动点顶透视鸟瞰图。

5. 规划实例

图1.6.4.18和图1.6.4.19所示为深圳燕川陈公祠景观方案设计图，它是顺德职业技术学院园林设计专业学生周国源、伦燕红、周洁、李燕芬、陈生靖的毕业设计项目，指导老师为郑燕宁、江芳。

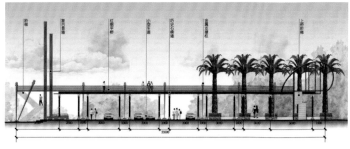

图1.6.4.15　美国飞虎队纪念长廊正立面图

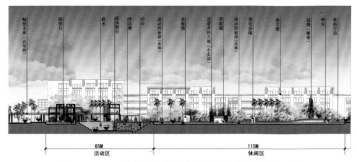

图1.6.4.16　顺德职业技术学院信合广场景观剖面图

图1.6.4.17　园景鸟瞰图

图1.6.4.18　深圳燕川陈公祠景观方案设计图（一）

图1.6.4.19　深圳燕川陈公祠景观方案设计图（二）

项目七　实训：园林构成要素表现方式

一、项目实训目的

通过对公园、街道等公共园林景观规划设计平面图的临摹，了解建筑学、环境设计、城市规划等各学科及各类设计的相互联系，分析其组成。

二、项目实训教学设备及消耗材料

（1）绘图工具：1号图板，900 mm丁字尺，45°、60°三角板，量角器、曲线板、模板、圆规、分规、比例尺、鸭嘴笔、绘图铅笔和粗、中、细针管笔。

（2）计算机辅助设计软件：AutoCAD、3ds Max、Photoshop、HCAD。

（3）其他：各类辅助工具。

（4）图纸：园林制图采用国际通用的A系列幅面规格的图纸，以A2号图纸（420 mm×594 mm）为准。

园林景观规划设计原理

项目一　使用者场所行为心理设计

任务一　环境行为心理

一、环境心理学特征

环境心理学是通过研究环境知觉、环境认知、人的活动与空间及设备的尺度关系、空间行为学（私密性、领域性、拥挤感等）来把握使用者普遍心理现象的科学。

使用者场所行为心理设计主要涉及各种尺度的环境场所、使用者群体心理以及社会行为现象之间的关系和互动。

二、环境心理学的产生和发展

环境心理学的产生和发展如图2.1.1.1所示。

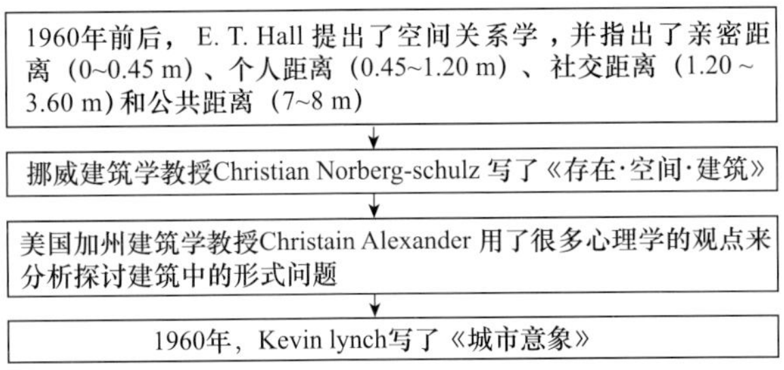

1960年前后，E. T. Hall 提出了空间关系学，并指出了亲密距离（0~0.45 m）、个人距离（0.45~1.20 m）、社交距离（1.20～3.60 m）和公共距离（7~8 m）

↓

挪威建筑学教授Christian Norberg-schulz 写了《存在·空间·建筑》

↓

美国加州建筑学教授Christain Alexander 用了很多心理学的观点来分析探讨建筑中的形式问题

↓

1960年，Kevin lynch写了《城市意象》

图2.1.1.1　环境心理学的产生和发展

任务二　行为空间与环境

行为空间是指人们活动的地域界限，包括人类直接活动的空间范围和间接活动的空间范围。直接活动空间是指人们日常生活、工作、学习所经过的场所和道路，是人们通过直接经验所了解的空间；间接活动空间是指人们通过间接交流所了解到的空间，包括通过报纸、杂志、广播、电视等宣传媒体了解的空间。

一、气泡

气泡是由爱德华·霍尔提出的个人空间的概念。人体上下肢运动所形成的弧线形成了一个球形空间，这就是个人空间尺度——气泡。人是气泡的内容，是这种空间度量的单位，也是最小的空间范围。个人空间受到情绪、人格、年龄、性别、文化等因素的影响。人际距离和交往方式密切相关。

二、拥挤感和密度

在人与人接触的过程中，当个人空间和私密性受到侵犯时，或在高密度的情况下，人都会产生一种消极反应，即拥挤感。影响人们是否产生拥挤感的因素包括个体的人格因素、人际关系、各种情境因素以及个人过去的经验和容忍性，最主要的影响因素是密度。

三、私密性

私密性是指对生活方式和交往方式的选择与控制，可以概括为行为倾向和心理状态两个方面。私密性分为四种表现方式：独处、亲密、匿名和保留。私密性是人们对个人空间的基本要求。

私密性的功能也可以划分为四种，即自治、情感释放、自我评价和限制信息沟通。人们在空间大小、边界的封闭与开放等方面为私密性提供不同的层次和多种灵活机动的特性。

四、领域性

领域性是指个人或群体为满足某种需要拥有或占用一个场所或区域，并对其加以人格化和防卫的行为模式，是所有高等动物的天性。人类的领域行为有四点作用，即安全、相互刺激、自我认同（self-identity）和管辖范围，其按涉及的区域范围可分为三个层次，如图2.1.2.1所示。

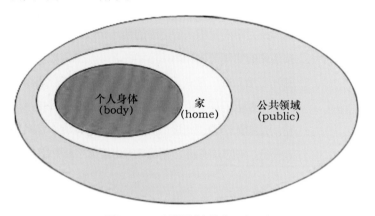

图2.1.2.1　人类领域行为的三个层次

环境设施也具有领域性，确保空间领域性的形成是保证环境的空间独立性、适宜性的基础。如人在亭中时，设施领域性形成；人离去，人在亭中的领域性消失，亭又转变为公共性空间。

空间大体有三类，即滞留性空间、随意消遣性空间和流通性空间，人与人之间过度的疏远和靠近都会造成一种心理上的不安定。所以在园林景观设计中要特别注意空间的尺度对人心理的影响，可以通过植物、矮墙或某些构筑物来增强滞留空间使用者的私密性，也可以通过不提供适宜滞留的领域空间来暗示使用者流动空间的性质，从而提高流动空间的使用效率。

五、场所

诺伯舒兹（Christian Norberg-Schulz）在《场所精神：迈向建筑现象学》中认为"场所有明显特征的空间"，场所以空间为载体，以人的行为为内容，以事件为媒介。场所依据中心和包围它的边界两个要素而成立，定位、行为图示、向心性、闭合性等同时作用形成了场所概念。场所概念也强调一种内在的心理力度，要有吸引人的活动，如公园中老人们相聚聊天的地方、广场上儿童一起玩耍的地方。从某种意义上来讲，园林景观设计是以场所为设计单位的。设计师应设计出有特色的场所，将其置于建筑和城市之间，相互连接，在功能、空间、实体、生态环境和行为活动上取得协调和平衡，使其具有一定完整性，并且让使用者体验美感。

任务三　使用者在环境中的行为特征

人的行为往往是园林景观规划设计时确定场所和流动路线的根据，环境形成以后会影响人的行为，同样，人的行为也会影响环境的存在。

一、行为层次

行为地理学将人类的日常活动行为分为以下三种，即通勤活动、购物活动和交际与闲暇活动。

还可用另一种分类方法将人类行为进行简单分类，大致可以分为以下三类：

（1）强目的性行为：也就是设计时常提到的功能性行为，如商店的购物行为。

（2）伴随主目的的行为习性：如在到达目的地的前提下，人会本能地选择最近的道路。

（3）伴随强目的行为的下意识行

为：这种行为体现了人的一种下意识和本能，如人的左转习惯。

二、行为集合

为达到一个主要目的而产生的一系列行为即行为集合，例如在设计步行街时，每隔一定距离要设置休息空间，以及通过空间的变化来消除长时间购物带来的疲劳。

三、行为控制

在设计花坛的时候，为了避免人在花坛上躺卧，可以将花坛尺度设计得窄些。这就是对人的行为的控制作用。

任务四　场所与行为

在人与环境的关系中，人会自觉或不自觉地适应现实环境，并且产生相应行为；另一方面，人也会控制和设计一种环境，有意地引导人们产生积极、理想的行为。

根据人、场所与行为的相互关系，园林景观设计应从人的行为心理和活动特点出发，建立良好的整体工作和生活环境。环境景观设计要有这样的设计观念和思路：依据行为分析、总体分析形成环境构成、景观要素。只有这样才能真正做到使园林环境景观有良好的空间质量和功能性（图2.1.4.1）。

图2.1.4.1　行为分析和环境构成

在设计时，为了更好地发挥场所的效应，应从人的行为动机产生与发展的角度，分析一切行为的内因的变化和外因的条件。

环境场所要达到上述效应，往往需在设计中增设必要的景观设施，以满足从事各种活动所需的物质条件，来扩大室外空间的宽容性。如坐的空间、看的空间、被看的空间、听的空间、玩的空间等。对于不同人表现出的主动参与、被动参与和旁观者参与等各种行为，景观应起诱导公众积极参与的功能，使"人尽其兴，物尽其用"。

在入口通道的两侧布置休息设施时，使用者往往对这种"夹道欢迎"的方式"望而生畏"，在众目睽睽中也会感到"无地自容"。人们总是喜欢选择有依靠的位置，并且前方视野开阔，面对活动着的人群，以满足"人看人"的需求，而不是处于空旷地，没有安全感（图2.1.4.2至图2.1.4.5）。

在人群道中间穿越　　被人观看　　空旷地的座位

图2.1.4.2　公共场所设计要避免的情况

有倚靠的边界　　独立边界的领域

图2.1.4.3　依据人的需求设计的休息凳椅

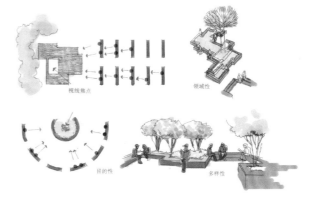

图2.1.4.4　人们喜欢的交流环境

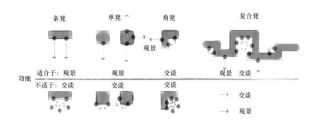

图2.1.4.5 人类喜恶的交流环境

图2.1.4.6所示是对场所中人的不同行为的展现，它表明人们倾向于在实体边界附近集聚活动。根据人的行为而设计的不同的景观与休息场所，可满足各种不同社交活动的需要。在公共场合中，人们有时希望有能与别人交谈的场所，有时又希望与人群保持一定的距离，有相对僻静的小空间。因此，设计时应提供相对丰富、有一定自由选择范围的环境。

以公园的线路设计为例，在公园的主体建设完成后，剩下部分草坪中的碎石铺路还没有完成。在很多地方人们可以发现，游园或草坪中铺设了碎石或各种材质的人行道，但在其周围不远的地方常常有人踩出来一些脚印。这说明设计铺设的线路存在一定的不合理性。因此，恰当的做法是等冬天下雪后，观察人们留下最多的脚印痕迹，以确定碎石的铺设线路。这样既充分考虑了人的行为，又避免了不合理铺设路线的财力物力的浪费。在规划设计中，良好的处理方法是充分考虑人的行为习性，按照人的活动规律进行路线的设计（图2.1.4.7）。

图2.1.4.6 场所中人的行为心理分析

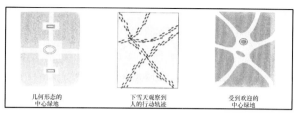

图2.1.4.7 公园的线路设计

任务五 使用者对其聚居地的基本需求

一、安全性

安全是人类生存最基本的条件，包括生存条件和生活条件，如土地、空气、水源、气候、地形等因素。这些条件的组合要满足人类在生存方面的安全感需求。

二、领域性

领域性可以理解为：在保证有安全感的前提下，人类从生理和心理上要求自己的活动范围有一定的领域感，也叫领域的识别性。确定了领域性，人们才有安全感。在居住区、建筑等具有场所感的地方，领域性体现为个人或家庭的私密或半私密空间，或者是某个群体的半公共空间。一旦有领域外的因素入侵，领域感受到干扰，领域内的主体就会产生不适或戒备心理。领域性的营造可以通过植被的设计和安置来实现。

三、通达性

远古时期，人类无论是选择居住地还是修建一个舒适的住所，都希望有观察四周环境的窗口和危险来临时能迅速撤离的通道。现在，人们除了要求住所的安全舒适外，一般来讲，在没有自然灾害的情况下，人们一样会选择视线开阔，能够和大自然充分接触的场所，即在保证自己的领域性的同时，希望能和外界保持紧密的联系。

四、对环境的满意度

人们对其聚居地除了有心理和生理上的需求外，还有一种对环境的满意度，可以理解为对周围的树林、草坪、灌木、水体、道路等因素的综合视觉满意程度。人们虽然无法提出详细、具体的要求目标，但对住地和住所有一个模糊的识别或认可的标准，比如可以划分为喜欢、不喜欢、厌恶或满意、一般、不满意等。

了解人类的基本空间行为和对周围环境的基本需求，设计师在进行景观设计时心里就会有一个框架或一些原则来指导具体的设计思路和设计方案。因此，行为地理学是景观设计内在的原则之一，它虽然不能直接指导具体的设计思路，但却是方案设计和确定的基础，否则设计的方案只是简单的构图，不能很好地为使用者提供舒适的活动空间和场所。此外，简单的构图创作除了不能满足使用功能外，还会造成为了单纯的构图效果浪费大量项目建设资金，以及由于管理不善引起的资金流失。

人们特定的户外活动需要有与其相对应的专用场地，如居住区需有健身场、儿童游乐场、聊天休息场所，学校就需有运动场，生产工厂需有作业场、休息庭院等。对于专业性活动场所，设计师必须在研究特定的人群、特定的活动后，才能更深入细致、科学合理地进行设计与布局。

项目二　场所空间应用设计

空间是人类所有行为产生的场所。设计师在设计过程中使用"空间"这个词，是用来形容由环境元素中的边线和边界所形成的三维的空处、场所。场所空间的创造是园林设计的基本目的。在规划用地、设计方案、布置景区时，设计师除了要理清各功能区之间的功能关系及其与环境的关系外，还需将场所空间转化为可用的功能性空间。

任务一　感受场所空间

场所空间指的是为人提供公共活动的空间，如街道、广场、庭院、入口空间、娱乐空间、休息空间、服务空间等。每个空间都因其组成的基本元素（如地面、植物、人行道、墙体、围栏及其他结构）的不同限定，具有特定的形状、大小、材质、色彩、质感等性质。这些性质综合地表达了空间的质量和空间的功能作用，影响并塑造着人们对城市环境空间的视觉感受。

场所空间包括地面、顶面、垂面三个组成部分。场所空间营造就是要对这三个面赋予和安排不同的材质。如地面可以采用不同的地砖、草坪（地砖可以有不同的形状、大小、颜色，草坪可以有不同纹理等特点）；垂面可以采用小乔木、栅栏或矮墙加藤类植物等方式构成；顶面则可以采用硕冠的乔木、凉亭、棚架、藤架等。在设计中结合色彩、质地、纹理等方面的特点采用不同的素材，并加以适当的安排，可以成功地营造人性化的场所空间。

现代城市景观设计往往过于强调建筑单体和城市的功能，而忽略公共空间中人的活动，忽略庇护与场所的作用。如在空旷的场地上竖起一堵墙，就有了向阳面和背阳面，在不同季节和气候下，或沐浴阳光，或纳凉消暑，人们可以各取所需。景观中对围护面的合理布局，有利于创造户外宜人的空间。

场所空间会让人形成对特定空间的审美知觉。当人们活动于其中时，又会以自己前后左右的位置及远近高低的视角，在对周围建筑景观的观看中形成各种不同的空间感受及空间的心理审美。

任务二　空间的形式

园林空间有容积空间、立体空间以及两者相结合的混合空间三种形式。容积空间的基本形式是围合，空间为静态的、向心的、内聚的，空间中墙和地的特征较突出。立体空间的基本形式是填充，空间层次丰富，有流动和散漫之感。设计师在设计空间时应充分发挥自己的创造力。例如，草坪中的一片铺装或伸向水中的一块平台，因其形态与众不同而产生了分离感。这种空间的空间感不强，只有地这一构成要素暗示着一种领域性空间。再如,一块石碑坐落在有几级台阶的台基上,因其庄严矗立而在环境中产生了向心力。由此可见,分离和向心都在某种意义和程度上形成了空间。

任务三　空间的组织

空间组织包括空间个体和空间群体两方面。单个空间的设计应注意空间的大小和尺度、封闭性、构成方式、构成要素的特征(形状、色彩、质感等),以及空间所表达的意义或所具有的性格等内容。多个空间的设计则应以空间的对比、渗透、序列等关系为主。

一、空间的尺度与大小

尺度设计是空间设计具体化的第一步。在场所空间被使用的时候,应该以人为尺度单位,考虑人身处其中的感受:在20~25 m²的空间中,人们感觉比较轻松,能辨认出对方的脸部表情和声音;距离超出110 m的空间,肉眼只能辨别出大致的人形和动作,这一尺度也称为广场尺度,超出这一尺度,才能使人产生宽阔的感觉。390 m的尺度是使人产生深远宏伟感觉的界限。

在人的社交空间中,也存在尺度的界限:0.45 m是较为亲昵的距离;0.45~1.3 m是个人距离和私交距离;3~3.75 m是社交距离,指和邻居、同事之间的一般性谈话距离;3.75~8 m为公共距离;大于30 m的距离是隔绝距离(图2.2.3.1)。

空间的大小应视空间的功能要求和艺术要求而定。大尺度的空间气势壮观,感染力强,常使人肃然起敬,多见于宏伟的自然景观和纪念性空间,有时大尺度的空间也是权力和财富的一种表现和象征。小尺度的空间较为亲切怡人,适合于大多数活动的开展,在这种空间中交谈、漫步、坐憩常使人感到舒适、自在(图2.2.3.2)。

二、空间的围合与通透

空间的围合与通透程度首先与垂直面的高度有

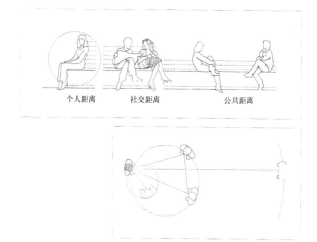

图2.2.3.1　人际交往的各种距离

图2.2.3.2　曼哈顿区东部绿色田地公园

关。垂直面的高度包括相对高度和绝对高度。相对高度是指墙的实际高度和视距的比值,通常用视角或宽高比(D/H)表示(图2.2.3.3)。绝对高度是指墙的实际高度,当墙低于人的视线时空间较开敞,高于视线时空间较封闭(图2.2.3.4)。空间的封闭程度由这两种高度综合决定(图2.2.3.5)。

影响空间围合与通透程度的另一因素是墙的连续性和密实程度。高度相同时,墙越通透,围合的效果就越差,内外的渗透就越强(图2.2.3.6)。垂直面的位置、组织方式对人的行为也有很大影响,不同位置的墙面所形成的空间封闭感也不同,其中位于转角的墙的围合能力较强,如图2.2.3.7所示。

此外,同样一堵墙,在它中间开个口时,对人的视线与行为引导就会产生很大影响,它使空间由静止转变为流动,由闭塞转向开放(图2.2.3.8)。

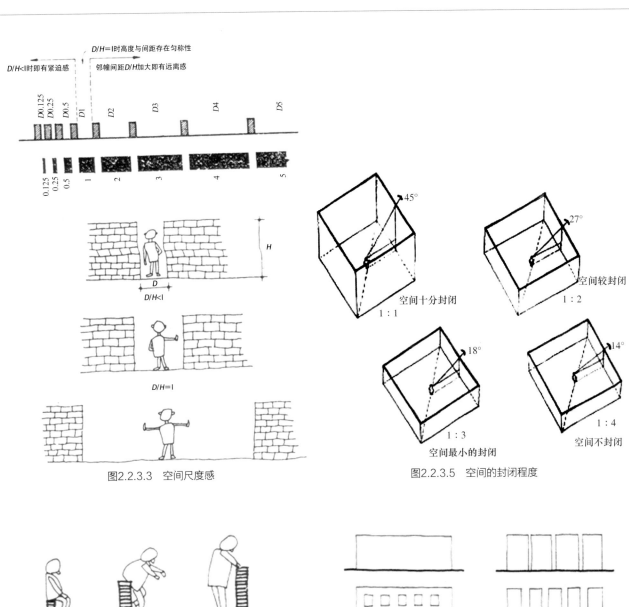

图2.2.3.3　空间尺度感

图2.2.3.5　空间的封闭程度

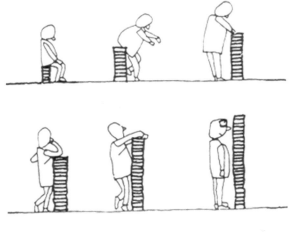

图2.2.3.4　不同高度的墙面形成的空间感

图2.2.3.6　空间的通透程度

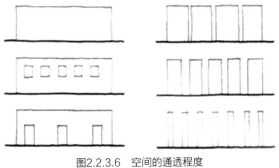

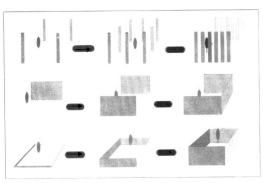

图2.2.3.7　不同的围合方式形成的不同空间感觉

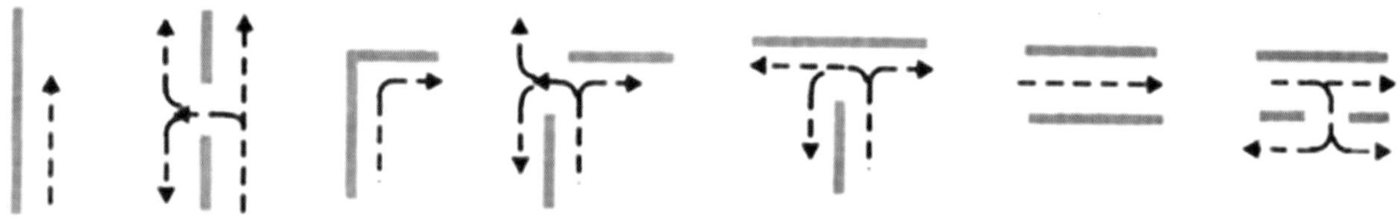

图2.2.3.8　围合面开口方式与人的行为

三、空间的实与虚

空间的垂直墙面设计可以创造空间的虚实关系。

1. 虚中有实

这是指以点、线、实体构成虚的面来形成空间层次。如马路边上的行道树，广场中的照明系统、雕塑小品等都能产生虚中有实的围护面，只是对空间的划分较弱（图2.2.3.9）。

图2.2.3.10　实中有虚的景观空间（一）

图2.2.3.9　虚中有实的景观空间

2. 实中有虚

这是指墙面以实为主，局部采用门洞、景窗等，使景致相互借用，而这两个空间彼此较为独立，如商业区的骑楼建筑等（图2.2.3.10和图2.2.3.11）。

3. 虚实相生

这是指墙面有虚有实，如建筑物的架空底层、景廊大门等。它既能有效划分空间，又能使视线相互渗透（图2.2.3.12）。

4. 实边漏虚

这是指墙面完全以实体构成，但其上下或左右留出一些空隙，虽不能直接看到另一个空间，但却暗示另一个空间的存在，并诱导人们进入。

图2.2.3.11　实中有虚的景观空间（二）

图2.2.3.12　虚实相生的景观空间

四、空间的限定对比

空间与空间之间通过差异化的设计，可让人产生不同的空间感觉和体验（图2.2.3.13）。

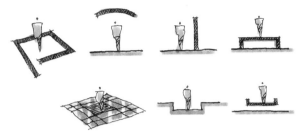

图2.2.3.13　空间差异化设计

1. 覆盖空间

覆盖空间就是用植物或建筑小品等材料设置在空间顶部，以产生覆盖效果（图2.2.3.14）。

图2.2.3.14　植物覆盖空间

2. 设置空间

一个广阔的空间中有一棵树，这棵树的周围就限定了一个空间，人们可以在树的周围聚会聊天。任何一个物体置于原空间中，都可以起到限定的作用（图2.2.3.15）。

图2.2.3.15　玛克西米莲庭院露天咖啡座

3. 突起和下沉空间

高差变化也是空间限定较为常用的手法，例如主席台、舞台都是运用这种手法使高起的部分突出于其他地方，形成特定空间。下沉广场往往能形成一个和喧闹的街道相互隔离的独立空间（图2.2.3.16）。

图2.2.3.16　隆起的花池

4. 空间材质的变化

相对而言，变化地面材质对于空间的限定强度不如前几种，但是其运用也极为广泛（图2.2.3.17）。比如庭院中铺有硬地砖的区域和种有草坪的区域会显得不同，它们是两个空间，一个可供人行走，另外一个不可以。

图2.2.3.17　不同材质的空间

五、层次与渗透

空间的层次有向深部运动的导向，这种导向的形成主要有以下三种方式。

（1）利用景观的组织使环境整体在空间大小、形状、色彩等的差异中形成等级秩序，如杜普利赛斯庭园中的院落设计，在空间中分出近、中、远的层次，引导人们的视线进行向前、向远延伸，从而吸引人们前进。

（2）从人的心理角度，建立起与环境认知结构相吻合的空间主次的划分（图2.2.3.18）。利用实体的尺度和形式有效划分空间，表现并暗示相关空间的重要性（图2.2.3.19）。

图2.2.3.18 空间主次的划分

图2.2.3.19 暗示空间的存在

（3）以实体的特殊形式塑造环境的主体，尽管尺度相对较小，往往也能从环境中脱颖而出（图2.2.3.20和图2.2.3.21）。

图2.2.3.20 以石头为实体的特殊形式塑造

图2.2.3.21 以雕塑为实体的特殊形式塑造空间主体

没有层次就没有景深。中国的园林景观，无论是建筑围墙，还是树木花草、山石水景、景区空间等，都善于用丰富的层次变化来增加景观深度（图2.2.3.22）。层次一般分为前（景）、中（景）、后（景）三个大层次，中景往往是主景部分。当主景缺乏前景或背景时，便需要添景，以增加景深，从而使景观层次更加丰富。

空间层次的设计还要讲究领域的组织，城市的环境空间要满足不同类型人群的使用要求，如儿童乐园、老年人聚会场所等。

图2.2.3.22　层次与景深

图2.2.3.23　空间序列组成的四个阶段

环境设计往往采用直接的方式，以良好的视觉导向，利用色彩、材质、线条等形成方向暗示（如铺地、绿化等组合），以开合、急缓、松紧等有节奏的配置形成空间的序列。如步行街、庭院等的设计，虽然这些场所不必追求强烈的空间序列感，但其通过空间形态的收放、重复等变化加强空间的节奏，使平淡的空间更亲切，更具魅力（图2.2.3.24）。

在广场的周边设立一些提供庇护、不受干扰的小空间，可确保小范围的交际需求，体现对人的更多关怀。

空间的划分能丰富空间层次，增强景观的多样性和复杂性，拉长游程，从而使有限的空间在视觉上得到扩展。

六、空间的序列与引导

序列指依据人的行为，在空间上按功能依次排列和衔接，在时间上按前后相随的次序逐渐过渡，景观中的步移景异造成感觉，将人的行为转换成空间与之相对应。如何在空间的过渡中充分体现空间层次的序列变化，以景观节点形成连续的视觉诱导和行为激励，呈现一种向既定目标运动的趋向呢？

中国传统的空间序列遵循"有起有伏、抑扬顿挫、先抑后扬"的规律，不仅能满足使用功能要求，而且能让人获得良好的体验。

空间序列的组成一般有四个阶段，包括起始阶段、铺陈阶段、高潮阶段和终结阶段，如图2.2.3.23所示。

图2.2.3.24　日本北城条纹公园空间疏密有致

园林建筑布局和假山的布置应疏密有致，给人一种"张弛结合、开合有度"的感觉。在绿化配置上，通过时而密植、时而丛植和孤植等植物配置方式来体现空间的这种疏密对比。

从导向性角度分析，在空间设计中通过有意地引导和暗示，设计师能指引人们沿着一定的路线，从一个空间移动到另一个空间，获得"柳暗花明又一村"的意境。如人们精力旺盛时向有活动的地方聚集，疲劳时寻觅休息地，避风雨时选择有绿荫的空间等。一栋建筑、一片水体、一件小品、一棵大树等一处色彩与材质的变化，在空间中都可能因为与周围环境的区别而备受关注，成为对人的行为的诱导。

七、对景与借景

在景观设计的平面布置中，往往依据一定的建筑轴线和道路轴线，在其尽端安排的景物称为对景（图2.2.3.25）。对景往往是平面构图和立体造型的视觉中心，对整个景观设计起着主导作用。对景可以分为直接对景和间接对景。直接对景是视觉最容易看到的景，如道路尽端的亭台、花架等，一目了然；间接对景不一定在道路的轴线上或行走的路线上，其布置的位置往往有所隐蔽或偏移，给人以新奇或若隐若现之感。

借景也是景观设计常用的手法。在中国古典园林中赏景，为了获得丰富的园林空间，往往可通过景窗、空透的廊和门窗、稀疏的种植渗透进来的景观，获得空间的层次，吸引人们从一个空间到达另一个空间。这种随着运动不断变幻的空间渗透，常常给人丰富而又含蓄的美感。

在有限的基地中，要想扩大空间，可采用借景或划分空间的方式。"园虽别内外，得景则无拘远近。"借景是将园外景物有选择地纳入园中视线范围之内，组织到园景构图中的一种经济、有效的造景手法，不仅扩大了空间，还丰富了空间层次。

借景的类型有远借、邻借、仰借、俯借、应时而借，如图2.2.3.26和图2.2.3.27所示。

八、隔景与障景

"佳则收之，俗则屏之"是我国古代造园的手法之一，即隔景。在现代景观设计中，也常常采用这样的思路和手法。隔景是将好的景致收入到景观中，将乱、差的地方用树木、墙体遮挡起来。障景是直接采取截断行进路线或迫使其改变方向的办法，是用实体来实现的。

图2.2.3.25　对景手法

图2.2.3.26　邻借

图2.2.3.27　应时而借

九、尺度与比例

景观设计主要尺度的依据是人们在建筑外部空间中的行为，人们的空间行为是确定空间尺度的主要依据。如学校的教学楼前的广场或开阔空地，尺度不宜太大，也不宜过于局促。如尺度太大，学生或教师使用、停留时，会感觉过于空旷，没有氛围；过于局促，空间会失去一定的私密性。因此，景观设计应依据其功能和使用对象确定尺度和比例（图2.2.3.28）。

图2.2.3.28 尺度与比例

十、质感与肌理

景观设计的质感与肌理主要体现在植被和铺地方面。不同的材质通过不同的手法可以表现出不同的质感与肌理效果，如花岗石的坚硬和粗糙，大理石的美观和细腻，草坪的柔软，树木的挺拔，水体的轻盈。对这些不同的设计元素加以运用，有条理地加以变化，将使景观富有更深的内涵和趣味（图2.2.3.29）。

此外，景观风格决定景观的选材与色彩，如：

（1）典雅——古朴的色彩与材料；

（2）厚重沉稳——灰白色调，局部暗红；

（3）活泼——现代、科技、对比强烈的色彩；

（4）原始的山林野趣——原色的就地材料。

图2.2.3.29 凯彼特广场公园景观

十一、节奏与韵律

节奏与韵律是景观设计中常用的手法,在景观处理上的节奏体现在铺地材料有规律的变化上,如灯具、树木相同间隔的排列,花坛座椅的均匀分布等(图2.2.3.30)。韵律是节奏的深化。

图2.2.3.30 日本东云运河庭院景观的节奏

项目三 生态设计

任务一 景观生态学主要内容

园林规划设计的宗旨是为人们规划设计适宜的人居环境。园林景观设计的发展是人们对"人地关系"认识的进步。规划一切用地安排是为了满足使用者的需求,使用者也要尊重自然,以达到与自然的和谐共存。近二三十年来,随着工业化和城市化的迅速发展和城市规模的不断扩大,人类聚居环境生态问题日益突出。现代人类的生存环境和农业社会时期已经截然不同,人类以城市为中心,开始对自然施加辐射式的

影响力。地球上原有的生态环境被城市、工业区、高速公路侵蚀和分割,人类在享受自己创造的便利时,也受到了因对自然界过度开发而引发的环境破坏。空气污染、噪声、居住区的拥挤和每日产生的堆积如山的垃圾,这一切都影响人类的健康,危害人类的生存(图2.3.1.1至图2.3.1.3)。

如今,人类对于聚居地的改造不再仅是逃避自然力的侵蚀,而是要将整个生态环境中各个因素所组成的结构进行优化和调整,使人类聚居地的生态环境达

图2.3.1.1 乱砍滥伐

图2.3.1.2 东南亚海啸

图2.3.1.3 沙尘暴

到一种舒适状态。人类开始主动地寻求解决办法，一批城市规划师、景观建筑师开始关注人类的生存环境，并且在园林景观设计实践中开始了不懈的探索。这种大环境使景观生态学得以迅速发展。

生态学（Ecology）是研究生物和人及自然环境的相互关系，研究自然与人工生态结构和功能的科学。生态学由于其综合性和理论上的指导意义而成为现今社会一门无处不在的科学。

景观生态学主要研究的内容是由和人居环境相关的土壤、水文、植被、气候、光照、地形条件等因素所形成的生物生存环境，简称"生境"（图2.3.1.4）。其主要研究目的是在不破坏全球生态环境的前提下，优化和改良人类的聚居环境。

生态设计是指任何与生态环境相协调，使其对环境的破坏影响达到最小限度的设计形式（图2.3.1.5）。

现代景观规划设计理论强调生态过程与景观格局之间的相互关系，研究多个生态系统之间的空间格局及相互之间的生态系统，并用"斑块—廊道—基质"模式来分析和改变景观。景观规划设计以此为基础开始了新的发展与进步。园林景观设计强调视觉美观，但不是唯一目标。景观设计既要治标也要治本，要从根本上改善人类聚居环境，利用城市绿地来调节微气候、缓解生态危机，成为景观设计在21世纪新的任务。

对于园林景观设计师来说，了解自然环境和人类自身的节律和秩序成为设计首先必须要做的事情。设计师要尊重自然所赋予的河流、山丘、植被、生物，在其中巧妙地设计景观，将人为景观和原有地形地貌结合在一起，以两者和谐相处、相得益彰为最终目标（图2.3.1.6）。

图2.3.1.4　田野

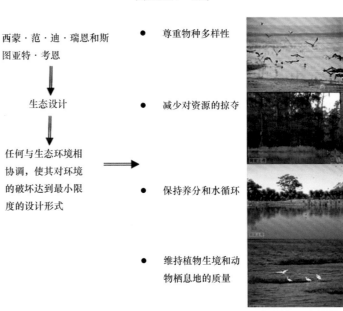

西蒙·范·迪·瑞恩和斯图亚特·考恩

↓

生态设计

↓

任何与生态环境相协调，使其对环境的破坏达到最小限度的设计形式

→

- 尊重物种多样性
- 减少对资源的掠夺
- 保持养分和水循环
- 维持植物生境和动物栖息地的质量

图2.3.1.5　生态设计内容

图2.3.1.6　岐山公园景观生态设计

任务二 景观生态要素

景观设计中涉及的生态要素包括水环境、地形、植被和气候四个方面。

一、水环境

水是生物生存必不可少的物质资源。地球上的生物生存和繁衍都离不开水资源。水除了供人饮用、维持人类生存以外，还是农业灌溉、水产渔业等必不可少的物质基础。水在城市景观设计中具有重要的作用，一座城市因山而显势，存水而生灵气。同时，水还具有净化空气、调节局部小气候的功能。因此，在当今城市发展中，有河流、水域的城市都十分关注对滨水地区的开发和保护（图2.3.2.1和图2.3.2.2）。人们已经认识到水资源在城市发展中的重要作用。对于水资源保护的不重视也使人受到了惩罚。地下水过度开采使地球上很多地方出现水资源严重匮乏、地表

图2.3.2.1　滨水地区（一）

图2.3.2.2　滨水地区（二）

下沉、地表水受到污染、水生动植物物种减少等环境问题。在中国，对城市河流的改造已经成了共识，但是对具体的改造和保护水资源的措施却存在着严重的问题。比如对河道进行水泥护堤的建设，忽视了保持河流两岸原有地貌的生态功效，致使河水无法被净化等问题仍然存在。

在园林景观设计中，常用以下水资源管理原则作为水景营造的借鉴原则，以给予水环境足够的重视。

（1）保护河流水域、湿地和所有河流水体的堤岸；

（2）将任何形式的水污染减至最小，创建一个净化的计划；

（3）土地利用分配和发展容量应与合理的水资源供应相适应，而不是反其道而行之；

（4）返回地下含水层的水质和水量与水资源利用情况保持平衡；

（5）限制用水，以保持当地的淡水储备；

（6）通过自然排水通道引导地表径流，而不是通过人工修建的暴雨排水系统；

（7）利用生态方法设计湿地，进行废水处理，消毒和补充地下水；

（8）地下水供应和分配设双重系统，使饮用水和灌溉及工业用水有不同税率；

（9）开拓、恢复和更新被滥用的土地和水域，使其达到自然、健康的状态；

（10）致力于推动水的供给、利用、处理、循环和补充技术的改进。

二、地形

大自然在地球表面营造了各种各样的地貌形态，如平原、丘陵、山地、江河湖海等。在人类的进化过程中，人们对地形经过了"顺应——改造——协调"的变化。现在，人们已经开始在城市建设中关注对地形的研究，尽量减少对原有地貌的改变，维护其原有的生态系统。

在城市化进程迅速加快的今天，城市发展用地略

显局促。在保证一定耕地面积的条件下，条件较差的土地开始被征为城市建设用地。因此，在进行城市建设时，如何获得最大的社会、经济和生态效益是人们需要思考的问题。尤其是在场地设计时，需要考虑工程量较大且烦琐的问题，可采用GIS、RS等新技术进行设计。同时，在项目进行之前，应对项目的影响做出可视化的分析和决策。

三、植被

植物在地球物质和能量循环中扮演着非常重要的角色，是景观设计的重要设计素材之一。

在景观设计中，植物的作用主要有以下几点：

（1）植物吸收水分，在充分的光照下，将二氧化碳和水转化成氧气和碳水化合物。

（2）植物的庞大根系和繁茂枝叶储存了大量水分，植物细胞中的水可以净化空气或渗入地下含水层，所以植被往往是用来保持水土的最好的自然资源。

（3）植物腐烂以后形成的腐殖质和土壤结合后，增强了土壤养分，保持了土壤源源不断的生产力。

（4）可以改善城市小气候。植物可以调节气温，过滤尘埃，降低风速，增加空气湿度，形成令人愉悦的局部小环流。例如，宽10.5 m的乔木绿化带可将附近500 m²内空气的相对湿度增加8%。

（5）绿化还可以吸附空气中的污染粉尘，净化空气。植物对二氧化硫、氟化氢、氯气、氮氧化物都有吸收作用。

（6）防治生物污染。植物的阻尘功能可以减少很多借助空气灰尘传播的细菌，如杆菌、球菌和芽生菌。

（7）大量植被可以将噪声发源地隔离，例如城市大型绿地和公园30 m的林带可以使噪声降低7 dB，乔木、灌木和草地结合的绿地可以使噪声降低8~12 dB。

（8）多种植被相结合的大片绿地可以给昆虫、鸟类提供一个栖身之所。

（9）能给人提供视觉上的享受。植物随着季节生长凋落，花朵和叶子的颜色变化都能使在城市中生活的人感受到大自然的气息，并使其缓和由工作紧张引起的精神疲劳。

在城市总体规划中，植物的规划在一定程度上反映了城市景观生态状况，城市绿地规划是城市总体规划的重要组成部分。通过对城市绿地的规划，建造城市公园、居住区游园、街头绿地、街道绿地等，可使城市绿地形成系统。

城市规划中将绿地比例作为衡量城市景观状况的指标，常采用的绿地指标一般有以下几种：

（1）城市公共绿地指标：反映城市绿化质量和水平，以每人平均公共绿地面积或每人平均公园面积来表示。

（2）全部城市绿地指标：指城市全部绿地（包括公共绿地、专用绿地、居住区绿地、街道绿地、生产防护绿地及风景游览区绿地）占城市总面积的百分比，以及城市人口平均绿地面积，它表示城市绿化实际用地面积。

（3）城市绿化覆盖率：植物枝叶所覆盖的面积称为投影盖度，运用植物群落概念，对城市覆盖面积的统计，称为城市绿化覆盖面积，它与城市用地面积之比，称为绿化覆盖率。

四、气候

一个地区的气候往往是受很多因素综合作用的结果，气候受到地理纬度、地形地貌、植被、水体、大气环流、空气湿度、太阳辐射等各种自然因素的影响。例如，城市中有"城市热岛"的现象，而郊区的气候常凉爽宜人。

在人类社会的发展中，人们会有意识地在居住地周围种植一定的植物，或者喜欢将住所选择在靠近水域的地方。人类发展的经验对学科的发展也起到了促进作用，如城市规划、建筑、景观设计等领域都关注如何利用构筑物、植被、水体来改善局部小气候，使某一地域的气温、湿度、气流让人感到舒适。西蒙兹对气候要素的设计提出了以下几条指导原则。

（1）消灭酷热、寒冷、潮湿、气流和太阳辐射的极端情况。这可以通过合理地选择场地、规划布局建筑朝向及创造与气候相适应的空间来完成，可提供直接的庇护构筑物以抵抗太阳辐射、降雨、暴风和寒冷。

（2）根据不同的季节设计。每个季节都有各自的特点，根据太阳的运动调整社区、场地和建筑布局。生活区、室内和户外的设计都应保证在合适的时间，接受合适的光照。

（3）利用太阳的辐射，通过太阳能集热板为制冷补充热量和能量。风也是一个长期行之有效的能源。

（4）水分蒸发是制冷的一个基本方法。空气经过任何潮湿的表面时，砖砌的、纤维的物质或叶子都可因之而变凉。

（5）充分利用临近水体的有益影响，这些水体能调节较热或较冷的邻近陆地的气候。

（6）引进水体。任何形式的水的存在（从细流到瀑布），在生理上、心理上都有制冷的效果。

（7）保护现存的植被，其能以多种方式缓和气候问题：

①遮蔽地表。

②存储降水，增加土壤湿度。

③保护土壤和环境不受冷风侵袭。

④通过蒸腾作用，使燥热的空气冷却、清新。

⑤提供阴凉和树影，利于遮阳。

⑥有助于防止地表径流快速散失，提高土层含水量。

⑦抑制风速。

（8）在需要的地方引进植被，保护并尽可能扩大原有的绿地和植被面积。它们具有调节气候等多种用途，如林荫树和吸收热量的植被。此外，在进行具体的景观设计实践时，还应该考虑树形、树种的选择，速生树和慢生树的结合等因素。

（9）考虑高度的影响。如在北半球，高度和纬度越高，气候越冷。

（10）降低湿度。一般来说，人体的舒适感与湿度有关，过于潮湿使人不适，并加剧其他不适感，如湿冷比干冷更令人感觉寒冷，湿热比热更让人觉得难受。引入空气循环和利用太阳照射可以降低湿度。

（11）景观设计选址应避免空气滞留区和霜区。

（12）景观设计选址应避免冬季风、洪水和风暴的通道。

（13）在利用消耗能量的机械装置之前，开发和应用自然界所有的天然致冷和致热形式。

总之，在景观设计时，要充分运用生态学的思想，利用实际地形，降低造价成本，积极利用原有地貌创造良好的居住环境。

项目四　实训：使用者场所行为心理分析实践

一、项目实训目的

引入课程项目之一：顺德职业技术学院图书馆前绿地景观的使用者场所行为心理分析。

学生去顺德职业技术学院图书馆前绿地景观实地体验，分组对绿地景观进行使用者场所行为心理分析，提出如"图书馆前的入口位置如何""广场大小是否合适""休息椅位置是否合适""有没有处理南方过晒"等问题，并用手绘技法和软件表现并设计。教师把学生的分析成果挂在后墙进行全班的评点。

二、项目实训教学设备及消耗材料

（1）绘图工具：1号图板，900 mm丁字尺，45°、60°三角板，量角器、曲线板、模板、圆规、分规、比例尺、鸭嘴笔、绘图铅笔和粗、中、细针管笔。

（2）计算机辅助设计软件：AutoCAD、3ds Max、Photoshop、HCAD。

（3）其他：各类辅助工具。

（4）图纸：园林制图采用国际通用的A系列幅面规格的图纸，以A2图幅（420 mm×594 mm）为准。

模块三

园林景观规划设计程序

项目一　园林景观规划设计流程

如今，现代园林景观设计呈现出一种开放性、多元化的趋势。对于园林景观设计师来说，每个园林景观项目都有其特殊性，但园林景观的各个设计项目都要经历一个由浅到深、从粗到细、不断完善的过程，设计过程中的许多阶段都是息息相关的，分析和考虑的问题也都有一定的相似性。

园林景观设计的程序是指在从事一个景观设计项目时，设计者从策划、实地勘察、设计、和甲方交流思想至施工、投入运行、信息反馈等一系列工作的方法和顺序，如图3.1.0.1所示。

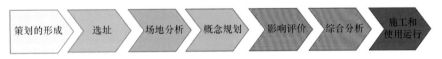

图3.1.0.1　西蒙兹的景观设计程序

一、策划

首先要理解项目的特点，编制一个全面的计划。经过研究和调查，列出一个准确而翔实的要求清单作为设计的基础。最好向业主、潜在用户、维护人员、同类项目的规划人员等所有参与人员咨询，然后在以往实例中寻求适用方案，前瞻性地预想新技术、新材料和新规划理论的改进方法。

二、选址

首先，将计划中必要或有益的场地特征罗列出来；其次，寻找和筛选场址范围。在这一阶段，有些资料是有益的，例如地质测量图、航空和遥感照片、道路图、交通运输图、规划用途数据、区划图、地图册，以及各种规模、比例的城市规划图纸。在此基础上，选定最为理想的场所。一个理想的场地可通过最小的变动，最大限度地满足项目要求。

三、场地分析

场地分析中最为主要的是通过现场考察来对资料进行补充，尽量把握好对场地的印象、场地和周边环境的关系，以及场地现有的景观资源、地形地貌、树木和水源，归纳出需要尽可能保留的特征和需要摒弃或改善的特征。

四、概念规划

在这一过程中，各专业人员的合作至关重要，建筑师、景观师、工程师应对策划方案相互启发和纠正。由组织者在各方面协调，最终完成统一的表达，并在提出的主题设计思想中尽可能予以帮助。细致地研究建筑物与自然和人工景观的相互关系，在经过这一轮改进之后，最终形成场地构筑物图。

五、影响评价

在对所有因素都予以考虑之后，总结这个开发的项目可能带来的所有负面效应和可能的补救措施，所有由项目创造的积极价值，以及其在规划过程中得到加强的措施、进行建设的理由，如果负面作用大于益处，则应该建议不进行该项目。

六、综合分析

在草案研究基础上，进一步对方案的优缺点及纯收益作比较分析，得出最佳方案，并转化成初步规划和费用估算。

七、施工和运行

在这一阶段，景观设计师应充分监督和观察，并注意收集人们使用后的反馈意见。

这个设计流程有较强的现实指导意义，在小型景观的设计中，其中的步骤可以相对地进行一些简化和合并，加快设计周期和运作，完成项目（图3.1.0.2）。

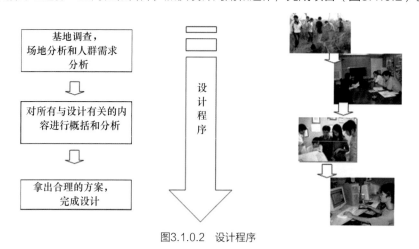

图3.1.0.2　设计程序

项目二　园林景观规划设计具体步骤

目前较为通用的园林景观设计过程可划分为六个阶段，如图3.2.0.1所示。

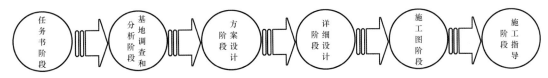

图3.2.0.1　园林景观设计过程

一、任务书阶段

任务书是以文字说明为主的文件。在本阶段，设计人员作为设计方（也称"乙方"），在与建设项目业主（也称"甲方"）初步接触时，应充分了解任务书的内容，这些内容往往是整个设计的根本依据。任务书内容包括设计委托方的具体要求和愿望，对设计要求的造价和时间期限等。要了解整个项目的概况，包括建设规模、投资规模、可持续发展等方面，特别要了解业主对这个项目的总体框架方向和基本实施内容。总体框架方向确定了这个项目的性质，基本实施内容以及场地的服务对象。这些内容往往是整个设计的根本依据，从中可以确定哪些值得对其深入细致地调查和分析，哪些只需作一般的了解。在任务书阶段很少用到图面，常用以文字说明为主的文件，在对业主和使用者的需求分析结论出来之前，它们是不会完全相容的。

二、基地调查和分析阶段

在这一阶段，甲方会同规划设计师至基地现场踏勘，收集规划设计前必须掌握的与基地有关的原始资料，并且补充和完善不完整的内容，对整个基地及环境状况进行综合分析（图3.2.0.2）。

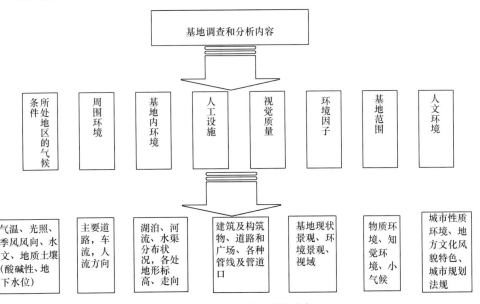

图3.2.0.2　基地调查和分析内容

作为场地分析的一部分，在这一阶段，设计师结合业主提供的基地现状图（又称"红线图"），对基地进行总体了解。首先必须对于土地本身进行研究，对较大的影响因素能够加以控制，在其后作总体构思时，针对不利因素加以克服和避免；对有利因素充分地合理利用，创造更为舒适的环境。对于土地的有利特征和需要实施改造的地形因素，最好同时进行总体研究，以确定是否需要实施改造以提供排水系统和可利用空间。当规划完成的时候，所有这些都将被细化。此外，还要在总体和一些特殊的基地地块内进行拍照，将实地现状带回去研究，以便加深对基地的感性认识（图3.2.0.3）。

对收集的资料和分析的结果应尽量用图面、表格或图解的方式表示，通常用基地资料图记录调查的内容，用基地分析图表示分析的结果。项目用地按照设计分析结果选择满足功能的可用部分，并进行必要地带的改造规划，然后规划出遮阴、防风、屏障和围合空间区域，但是不用选择任何具体材质（图3.2.0.4）。

图3.2.0.3 项目现状场景

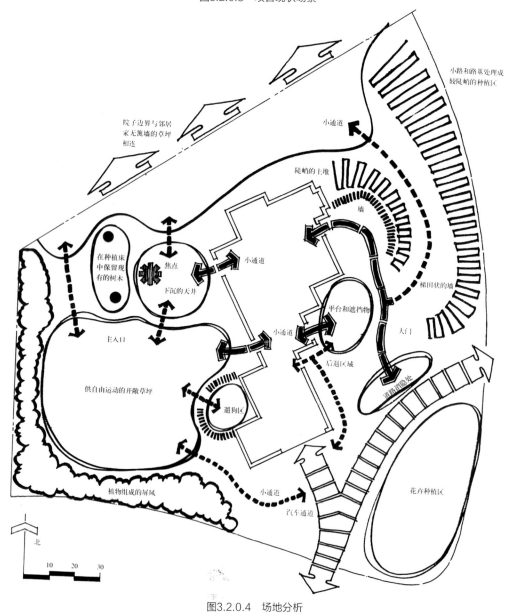

图3.2.0.4 场地分析

三、方案设计阶段

在进行总体规划构思时，要对业主提出的项目总体定位作一个构想，并与抽象的文化意义以及深层的社会、生态目标相结合，同时必须考虑将设计任务书中的规划内容融合到有形的规划构图中去。方案设计阶段对整个园林景观设计过程所起的作用是指导性的，要综合考虑任务书所要求的内容和基地及环境条件，提出一些方案构思和设想，权衡利弊，确定一个较好的方案或几个方案构思所拼合成的综合方案，最后加以完善，完成初步设计（图3.2.0.5）。

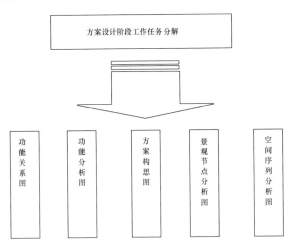

图3.2.0.5 方案设计工作任务分解

这一阶段的工作主要是进行功能分区，也应考虑所有环路的设计。同样，最好也是只确定人行道、车道、内院等的大体形状和尺寸，而无须确定具体用哪种表面，美观的问题可以之后再考虑。

构思草图只是一个初步的规划轮廓，当对空间区域的大小、形状，环境需求、环路有了总体的设想之后，再来考虑设计中的美学因素。这个时候，设计变得更加具体，需要决定是使用廊架还是树木来遮阴，是用墙、围栏、树篱还是植物群做屏障等。当选择了地面铺装材料并确定了分界线后，地面的形式便确定了，而材质的选择则是设计过程的最终阶段。

在一个设计中，将所有的园林景观元素（如质地、色彩、形式）有机地融合在一起，可形成具有视觉美感、满足功能需求的园林空间（图3.2.0.6至图3.2.0.8）。

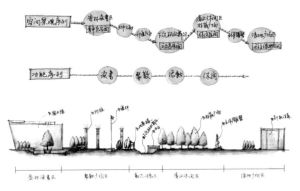

图3.2.0.6 顺德职业技术学院信合广场设计（一）

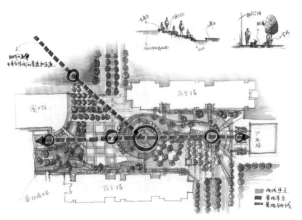

图3.2.0.7 顺德职业技术学院信合广场设计（二）

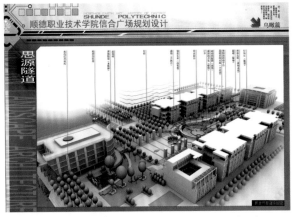

图3.2.0.8 顺德职业技术学院信合广场设计（三）

四、初步设计阶段

本阶段将收集到的原始资料与草图结合并进行补充修改，逐步明确总图中的入口、广场、道路、水面、绿地、建筑小品、管理用房等各元素的具体位置。经过这次修改，整个规划会在功能上趋于合理，在构图形式上符合园林景观设计的基本原则：视觉上美观、舒适。方案设计完成后应与委托方共同商议，然后根据商讨结果，对方案进行修改和调整（图3.2.0.9）。

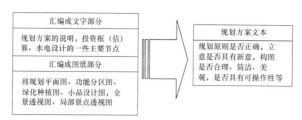

图3.2.0.9　规划方案文本

一旦初步方案确定下来后，就要全面地对整个方案进行各方面详细的设计，包括确定准确的形状、尺寸、色彩和材料，完成各局部详细的平面图、立面图、剖面图和详图，园景的透视图，以及表现整体设计的鸟瞰图。

五、施工图阶段

施工图阶段可是将设计与施工连接起来的环节。根据所设计的方案，结合各工种的要求分别绘制出能具体、准确地指导施工的各种图纸（图3.2.0.10）。

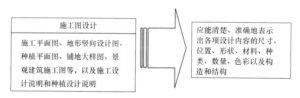

图3.2.0.10　施工图设计目标

六、施工指导阶段

本阶段可按图3.2.0.11所示的评估体系对施工进行指导。

图3.2.0.11　园林景观设计评估体系

项目三　设计项目案例程序分析

图3.3.0.1至图3.3.0.15所示为《年轮·乡村印记——桂城三山乡村公园景观规划设计》案例，其为顺德职业技术学院园林设计专业学生林超、符东、李辰晨、黄秋霞、谢婉琪的毕业设计项目，负责人是郑燕宁、江芳。该作品获得2012年全国高职高专建筑类专业优秀毕业设计作品奖金奖和中国环艺学年奖三等奖。

图3.3.0.1　作品封面

设计说明
Design Notes

- 主题：年轮、乡村印记
- 设计理念
- 桂城三山地理概念
- 设计原则
- 规划思想
- 种植物设计
- 公园功能组织分区设计
- 区域立意
- 公园维护管理
- 园林照明
- 经济指标

一、主题：年轮、乡村印记
正所谓年轮，指树木生长中所形成的特殊的年周期环状轮圈，正如乡村历史发展的印记，每一个年代都有一个独一无二的印记，带有自己的历史文化，有自己的特色。所以我们要充分尊重千百年形成的土地、附着物及其自然精神。不要轻易改变而是敬畏的。因为每一寸土地都有它的历史文化和故地特征，强调尊重自然的发展规律，尊重人的根本需求，尊重地方文化的延续。

二、设计理念
·保持历史的记忆，文化的延续与恒定，创造舒适、便捷、丰富、启迪思想的诗意，栖居空间，展示和谐环境。
·将居民的生活气息、乡村气氛融入公园中
·具备学习、展览和互动活动等新措施的公园空间
·充分利用本地自然，农村之间的良好关系，培育多样化的生态和文化价值公园。

图3.3.0.2　设计说明（一）

设计说明
Design Notes

三、桂城三山地理概念
·佛山桂城三山地理：三山位于珠江三角中心，广佛中央，有如穗深港经济轴之"颈"，广佛经济圈之"心"。三山是一个有山有水的岛，岛上有三山西桥，三山南桥，三山渡口，与平洲与顺德路口相连接，而当地有工厂，物流区，深水港货柜码头，自然村基业花园，随着潜在人口增加和快速城市化，市区和当地对于自然绿色的需求也随之增长，不仅仅是恢复绿地空间良好的机会，也是为三水当创造健康平衡的公园系统。
·三水概况：三水总体定为"南海花港、生态水城"，以绿地景观建设为契机，重点挖掘城市内涵，打造城市特色，形成地区的核心品牌和竞争力。营造生态景观，打造"在绿洲中的城市"。三山三面环水，内有多座山体，有着丰富的山水资源，却不能得到很好的开发和利用。

四、设计原则
三山农民公园本着尊重自然发展规律，尊重历史文化，加以创新，改造具有农民特色的乡村公园，规划设计分为几个层次：首先保护原有的地形生态；其次是设计空间突出其景观价值；再者是触动人的感官（既视觉、听觉、嗅觉、触觉的感受）。使其成为追求人性化的空间活动场所，进一步增加温柔的感性环境。

五、规划思想
·公园的再生性
（1）适应性：适应农民，使之成为适应当地环境的农民公园，
（2）水元素：利用周边环境的水资源，创造多元化水景观
（3）创新性：要创造出具有农民生活特色的公园，既艺术农田，利用更多的农村乡间元素塑造景观。
（4）活跃的空间：对多元空间体验，融合娱乐，休闲与学习等，确保长远持续性的发展。
（5）四季性：以农作物为主导，创造以常见的农作物点缀公园，如芭蕉，水稻，甘蔗等。

图3.3.0.3　设计说明（二）

设计说明
Design Notes

五、规划思想
·使用者的动态
（1）活动与社会互动
（2）便利且安全
（3）密切连接
把公园当作一个中心点，使周边的居民，通过公园这个平台更好地活动，增强邻里之间的互动，为行人和自行车建立方便安全的通道，不仅仅连接公园的各个部分，还通过公园里的生态多样性，多元化景观吸引周边居民在此活动。
·公园的价值与维护
（1）公园的潜力
（2）可持续发展
利用生态中动、植物之间相互循环，形成生态链，公园的设计重新考虑到自然资源，生态和人对自然与公园的需求。通过了解并改善当地的生态潜力，利用周边水资源和植被作为保留，通过一些特色的标志，提醒游人要保护环境，同时起到教育、提高当地居民的素质的作用。另外，利用合适的道路和行道树种创造精细的城市景观。
（3）农民自主管理和维护
公园管理通过每家每户轮流定期分配管理，维护一部分的耕地和公园景观。

图3.3.0.4　设计说明（三）

■ 设计说明
Design Notes

六、种植物设计

植物是景观设计重要的构成元素之一，园林种植设计是总体设计的一项单项设计，一个重要的不可或缺的组成部分。植物与山水地形、建筑、道路广场等其他园林构成元素之间互相配合、相辅相成，共同完善和深化了总体设计。
· 种植原则：
（1）注重物种的多样性，充分考虑不同层次的植物生长习性，形成乔、灌、地被、草的多层次，常绿与落叶树种相结合，乔木与灌木相结合的多样绿化景观。
（2）因地制宜，塑造多变景观。注重人在不同空间场所中的心理体验感受的变化，从多方面着手，形成疏密、明暗、动静的对比，创造出丰富的植物空间围合形态。
（3）注重物种种植的文化性原则，通过植物配置和群体寓意，深化园林空间的景观感受，提升整体景观空间的文化品味。
（4）树种选择以适地选树为原则，注重速生树种与慢生树种的结合，强调近期与远期兼顾的绿化效果及特色景观空间的形成。
· 种植目标：合理的配置，使绿化、美化、香化同步进行。达到春有花、夏有阴、秋有果、冬有青的宜人景象。
· 分类：
（1）公园入口与主要行道：以落叶开花，观叶的大乔木为前景树种，常绿乔木为背景的树种，营造人为景观道路，达到春季观花、夏季遮荫、秋季观叶、冬季有充足阳光的效果，以小叶榄仁、樟树、杨桃、白玉兰、大叶紫薇为主。
（2）块状绿地的背景树以常绿树为主，广玉兰、鹅掌楸、女贞等。
（3）田园：以农作物为主，既能在不同季节更换不同的农作物，丰富四季性的需求，增加景观的美观性。
· 文化厅的景点
以落叶大乔木形成土层界面空间，常绿阔叶树种为背景树种，选择花色鲜艳的植物作为主要景观树种，同时通过不同组团间的植物搭配的不同，塑造不同的季节景观，以凤凰木、榕树、羊蹄甲等为主。

图3.3.0.5 设计说明（四）

■ 基地背景
Base background

三山位于珠江三角中心，广佛中央，有如穗深港经济轴之"颈"、广佛经济圈之"心"。

三山是一个有山有水的岛，岛上由三山西桥、三山南桥、三山渡口与平洲与顺德路口相连接，而当地有工厂、物流区，深水港货柜码头，自然村基业花园。

随着潜在人口增长和快速城市化，市区和当地对于自然绿色空间的需求也随之增长，不仅仅是恢复绿色空间的良好机会，也是为三山当地创造健康平衡的公园系统。

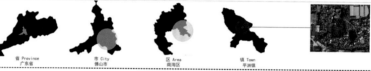

省 Province 广东省　　市 City 佛山市　　区 Area 南海区　　镇 Town 平洲镇

图3.3.0.6 基地背景

■ 周边环境分析
Plant

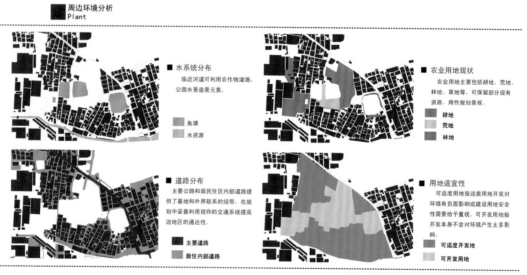

■ 水系统分布
临近河道可利用农作物灌溉，公园水景造景元素。

■ 鱼塘
■ 水资源

■ 农业用地现状
农业用地主要包括耕地、荒地、林地、草地等，可保留部分现有资源，用作规划景观。

■ 耕地
■ 荒地
■ 林地

■ 道路分布
主要公路和居民住区内部道路提供了基地和外界联系的纽带，在规划中妥善利用现存的交通系统提高这地区的通达性。

■ 主要道路
■ 居住内部道路

■ 用地适宜性
可适度用地指这类用地开发对环境有负面影响或建设用地安全性需要给予重视。可开发用地指开发本身不会对环境产生太多影响。

■ 可适度开发地
■ 可开发用地

图3.3.0.7 周边环境分析

基地利弊分析
Base analyzing the advantages and disadvantages

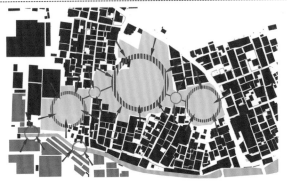

居民区
道路
规划用地
工厂
水资源
规划用人流聚集区域
水体污染

■ 有利因素：1】公园位于居民居住中心，可以使当地居民通过把公园当做一个平台，更好地进行交流，娱乐，增加当地居民的生活乐趣。2】公园附近交通便利，安全，使居民更快到达。3】公园临近有河道，有充足的水资源，方便农民农作物灌溉，用作公园水景，为水资源循环做了奠基。

■ 不利因素：1】部分居民素质不高，对公园的一些公共措施会进行破坏。2】当地整体经济发展水平相对低下。3】河道附近工厂较多，如果污染物处理不当会对水资源产生破坏。

图3.3.0.8　基地利弊分析

周边居民调查分析
Survey and analysis of the residents

非常依赖
一点也不
依赖其地方
环境风貌破旧
居住条件差
公共生活环境不完善
文化设施
绿化
休闲
商业
体育设施
餐饮
必需
无所谓
不必需
满意
不满意
点头之交
知根知底
不熟悉
老朋友
您对此地的依赖程度如何？
您认为当地存在的最大问题是什么？
如果当地建造公园，您最想增加什么设施？
您觉得有必要在当地建造适合当地特色的公园吗？
您对周边环境是否满意？
您觉得邻里之间的关系如何？

■ 通过对居民的走访，绝大多数居民都对此地有很深厚的感情，希望能够在改善当地的基础上，能有更好的生活环境。

■ 当地公共生活设施不完善，甚至没有一个类似公园的活动场所。其中对绿化、文化设施、体育设施要求更大。

■ 由于当地没有公共设施、大多数居民希望建造公园，有公共的活动空间，改善生活环境。

■ 虽然多数居民对周边生活不是很满意，但是邻里关系相当融洽、民风淳朴。

图3.3.0.9　周边居民调查分析

村民生活方式调查
The villagers lifestyle survey

喝茶
聊天
棋牌
吃饭
工作
阅读
睡觉

■ 通过居民的生活方式调查，我们可以发现村民的生活方式单一。没有公共设施提供任何娱乐活动。村民说：“我们也想跟城市中的人一样生活，早上到公园里健身，晚上到公园散步。

图3.3.0.10　村民生活方式调查

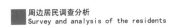

■ 针对人群活动 特性分析
According to the crowd activiy chacteristic

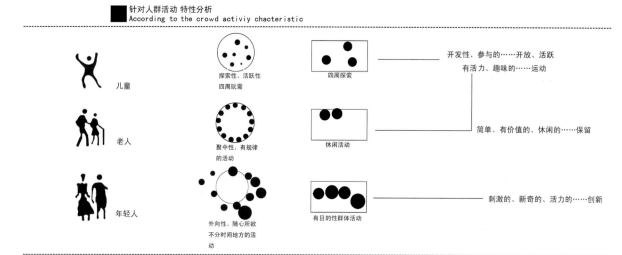

图3.2.2.11　针对人群活动特性分析

■ 需要什么样的公园
Need to what kind of park

图3.3.0.12　需要什么样的公园

■ 设计来源
Design source

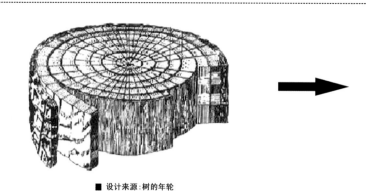

■ 设计来源:树的年轮

图3.3.0.13　设计来源

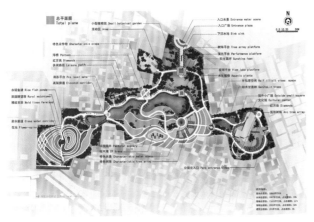

图3.3.0.14　总平面图

图3.3.0.15　鸟瞰图

项目四　实训：具体项目景观设计实践过程内容及设计程序分析

一、实训目的

针对德胜广场的景观设计典型案例，分析其设计组成元素、实践过程内容以及设计程序，并用图纸临摹表达。

二、实训教学设备及消耗材料

（1）绘图工具：1号图板，900 mm丁字尺，45°、60°三角板、量角器、曲线板、模板、圆规、分规、比例尺、鸭嘴笔、绘图铅笔和粗、中管笔。

（2）计算机辅助设计软件：AutoCAD、3ds Max、Photoshop、HCAD。

（3）其他：各类辅助工具。

（4）图纸：园林制图采用国际通用的A系列幅面规格的图纸，以A2图幅（420 mm×594 mm）为准。

模块四

园林景观规划设计原则和方法

项目一　园林景观设计原则

园林景观设计是一门综合性很强的环境艺术，涉及建筑工程、生物、社会、艺术等众多学科。它既是各学科的应用，也是综合性的创造；既要考虑科学性，又要讲究艺术效果，同时还要符合人们的心理和行为习惯。

美国拉特里奇（Albert Rutledge）教授在《公园解析》一书中论述道，园林景观设计的基本原则应包括以下几方面：

（1）满足功能要求；

（2）符合人们的行为习惯，设计必须为了人；

（3）创造优美的视觉环境；

（4）创造尺度合适的空间；

（5）满足技术要求；

（6）尽可能降低造价；

（7）提供便于管理的环境。

项目二　园林景观设计方法

园林景观设计是多项工程相互配合协调的综合设计，涉及面广，综合性强，既要考虑科学性，又要讲究艺术性。就其复杂性来讲，需要考虑交通、水电、园林、市政、建筑等各个技术领域。各种法则法规都要了解并掌握，才能在具体的设计中运用好各种景观设计要素，安排好项目中每一处地块的用途，设计出符合土地使用性质、满足客户需要、比较适用的方案。景观设计一般以建筑为硬件，以绿化为软件，以水景为网络，以小品为节点，采用各种专业技术手段辅助实施设计方案。从方案的设计阶段来看，设计方法包括以下几个方面。

任务一　构思立意

所谓构思立意，就是设计者根据功能需要、艺术要求、环境条件等因素，经过综合考虑产生总的设计意图，确定作品所具有的意境。构思立意既关系到设计的目的，又是在设计过程中采用各种构图手法的根据，往往占有举足轻重的地位。

构思立意着重艺术意境的创造，寓情于景、触景生情、情景交融是我国传统造园的特色。"轩楹高爽，窗户虚邻，纳千顷之汪洋，收四时之烂漫""萧寺可以卜邻，梵音到耳，远峰偏宜借景，秀色堪飡，紫气青霞，鹤声送来枕上""溶溶月色，瑟瑟风声，静拢一塌琴书，动涵半轮秋水，清气觉来几席，凡尘顿远襟怀"等都是《园冶》中关于意境创造的典型论述。

在一项设计中，方案构思的优劣能决定整个设计的成败。好的设计在构思立意方面多有独到和巧妙之处。例如，扬州个园以石为构思线索，从春、夏、秋、冬四季景色中寻求意境，结合画理"春山淡冶而如笑，夏山苍翠而如滴，秋山明净而如妆，冬山惨淡而如睡"设计景观，由于构思立意不落俗套而能在众多优秀的古典园林景观中占有一席之地。结合画理、创造意境，对讲究诗情画意的中国古典景观来说是一种较为常用的创作手法，而直接从大自然中汲取养分，获得设计素材和灵感，也是提高方案构思能力、创造新的景观意境的方法之一。例如，波特兰市伊拉·凯勒水景广场（Ira Keller Fountain Plaza）的设计就成功地、艺术地再现了水的自然流动过程。

伊拉·凯勒水景广场（图4.2.1.1）是波特兰市大会堂前的喷泉广场（Auditorium Forecourt Plaza）。水景广场的平面近似方形，占地约0.5 hm^2。广场四周被道路环绕，正面向南偏东，对着第三大街对面的市政厅大楼。除了南侧外，其余三面均有绿地和浓郁的树木环绕。水景广场分为源头广场、跌水瀑布和大水池，以及中央平台三个部分。最北、最高的源头广场为平坦、简洁的铺地和水景的源头。铺地标高基本和道路相同。水通过曲折、渐宽的水道流向广场的跌水和大瀑布部分。跌水为折线形，错落排列。经层层跌水后，流水最终形成十分壮观的大瀑布倾泻而下，落入大水池中。

图4.2.1.1　伊拉·凯勒水景广场

该设计非常注重人与环境的融合。跌水部分可供人们嬉水。设计者在跌水池最外侧的大瀑布的池底到堰口处做了1.1 m高的护栏，同时将堰口宽度做成0.6 m，以确保人们的安全。大水池位置最低，与第三大街路面仅有1 m的高差。从路面逐级而下所到达的浮于水面的平台既可作为近观大瀑布的最佳位置，又可成为以大瀑布为背景、以大台阶为看台的平台。

设计师劳伦斯·哈普林和安·达纳吉瓦认为：形式来源于自然，但不能仅限于对自然的模仿。他们从俄勒冈州瀑布山脉、哥伦布河的波尼维尔大坝中找到了设计原型。大瀑布及跌水部分采用较粗犷的暴露的混凝土饰面。巨大的瀑布、粗糙的地面、茂密的树林在城市环境中为人们架起了一座通向大自然的桥梁。

除此之外，对设计的构思立意还应善于发掘与设计有关的体裁或素材，并用联想、类比、隐喻等艺术手法加以表现。例如，玛莎·舒沃兹（Marthasch

Schwariz）设计的某研究中心的屋顶花园，就是巧妙地利用该研究中心从事基因研究的线索，将两种不同风格的景观形式融为一体：一半是法国规则式的整形树篱园，另一半为日本式的枯山水。它们分别代表着东西方景观的基因，像基因重组一样结合起来创造出新的形式，因此该屋顶花园又称为"拼合园"。

拼合园是马萨诸塞州剑桥市怀特海德生物化学研究所九层实验大楼的屋顶花园。屋顶花园面积很小，只有70 m²。设计师玛莎·舒沃兹是当今园林设计界一位颇有争议的人物，她的面包圈园（Bagel Garden）、轮胎糖果园（Necco Garden）都是对传统庭园形式与材料的嘲讽与背弃，设计风格略显轻佻。相比之下，拼合园却反映了较深刻的思想。她从基因重组中得到启发，认为世界上两种截然不同的园林原型可以像基因重组创造新物质一样，拼合在一起造出一个新型园林。在这一构思的引导下，体现自然永恒美的日本庭园和展现人工几何美的法国庭被"基因重组"到拼合园中。但是，在设计细部与手法上，其仍然显现出达达主义与波普艺术对其的影响。在日本禅宗枯山水中，绿色水砂模仿传统枯山水大海形式，耙出了一道道水纹线，但枯山水中的岩石和苔藓却被塑料制成的黄杨球所代替。日本园部分与传统枯山水一样，只作为观赏和冥想的场所；法国园部分为整形树篱园，另有九重葛、羊齿、郁金香等开花植物。修剪的绿篱实际上是可坐憩的条凳。

波士顿临海风大，而九层屋顶上较干燥，也没接水管，并且屋顶建筑结构没有按屋顶花园要求的荷载设计，难以敷设土层，因此花园中不太可能种植乔灌木。舒沃兹在设计中采用了不易损坏的耐用材料，如塑料与砂丁。园中所有植物均是塑料制品，并且绝大部分都涂成了浓浓的绿色，包括日本园中本该为白色的枯山水砂子也被涂成了绿色。绿色掩盖了这一片寂静、没有生机的角落，使人联想到这个绿色的空间应该是一个庭园。

设计构思首先考虑的是满足其使用功能，充分为地块的使用者创造、安排出满意的空间场所；其次要考虑不破坏当地的生态环境，尽量减少项目对周围生态环境的干扰；然后采用构图及各种手法进行具体的方案设计。景观规划设计构思整体立意要处理好几个关系区域的划分，各组合要素内容的确定，园林景观形态的确定及各要素间的组织关系，如贝聿铭设计的苏州博物馆（图4.2.1.2）。

立意可以从多元化、大尺度与小尺度的健全性和

图4.2.1.2　贝聿铭设计的苏州博物馆

形式与用途的可辨识性这三个方面入手（图4.2.1.3），也可以从主观和客观两个方面分别进行分析（图4.2.1.4）。设计者需要在自身修养上多下功夫，提高自身设计构思的能力。除了掌握本专业领域的知识外，还应注意在文学、美术、音乐等方面知识的积累，它们会潜移默化地对设计者的艺术观和审美观的形成起到作用。另外，设计者平时要善于观察和思考，学会评价和分析好的设计，从中吸取有益的东西。立意分析案例如图4.2.1.5和图4.2.1.6所示。

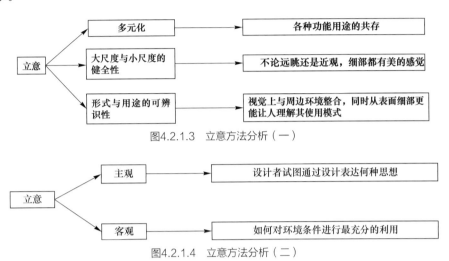

图4.2.1.3　立意方法分析（一）

图4.2.1.4　立意方法分析（二）

图4.2.1.5　浙江黄岩永宁公园景观

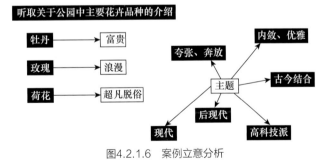

图4.2.1.6　案例立意分析

任务二　利用基地现状

基地分析是园林景观用地规划和方案设计中的重要内容，方案设计中的基地分析包括基地自身条件（地形、日照、小气候）、视线条件（基地内外景观的利用、视线和视廊）和交通状况（人流方向及强度）等内容。

例如，在顺德职业技术学院信合广场空地上设计公共休憩空间，计划设置坐凳、饮水装置、废物箱，栽种一些树木并铺装地面。要求能符合行人路线，为学生和教师提供休憩的空间（图4.2.2.1和图4.2.2.2）。

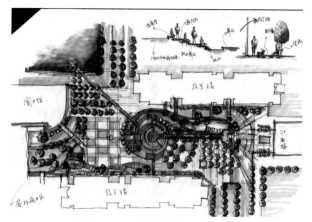

图4.2.2.1 顺德职业技术学院信合广场景观设计基地现状分析图　　　　　图4.2.2.2 信合广场空间分析图

任务三　视线分析

视线分析是园林景观设计中处理景物和空间关系的一种重要方法。

一、视域

人眼的视域为一个不规则的圆锥形。双眼形成的复合视域称为中心眼视域，其范围向上为70°，向下为80°，左右各为60°，超出此范围时，对色彩、形状的辨认力都将下降。头部不转动的情况下能看清景物的垂直视角为26°～30°，水平视角约为45°，凝视时的视角为1°，当站在一物体大小的3 500倍视距处观看该物体时就难以看清楚了。

二、最佳视角与视距

为了获得较清晰的景物形象和相对完整的静态构图，应尽量使视角处于最佳位置。通常垂直视角为26°～30°、水平视角为45°时是最佳的观景视角，维持这种视角的视距称为最佳视距（图4.2.3.1和图4.2.3.2）。

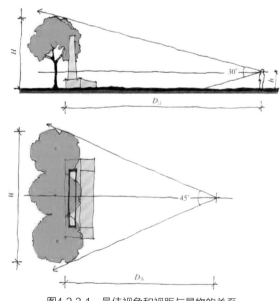

图4.2.3.1 最佳视角和视距与景物的关系

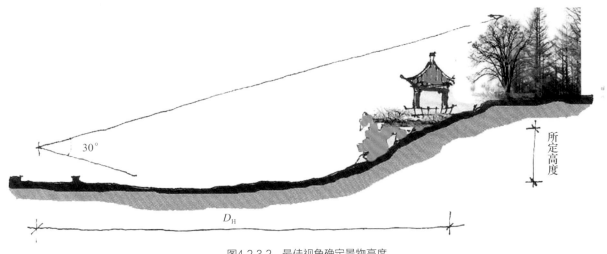

图4.2.3.2　最佳视角确定景物高度

三、确定各景之间的构图关系

设计静态观赏景物时，可用视线法调整所安排的空间中的景物之间的关系，使前后、主衬各景之间相互协调，增加空间的层次感。在图4.2.3.3中，从观景点A到水面对面B点景物之间先预添加一前景，设前景处于D_X处，若将参照画面选在该处，则前景实际尺寸不变。从A点向B点的景物引视线与画面相交，通过交点位置的分析可以判定前景位置是否恰当，以及前后景间的构图是否完整。

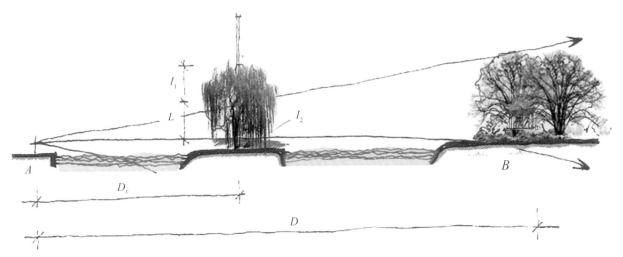

图4.2.3.3　利用视线确定各景之间的关系

任务四　设计多种方案进行比较

根据特定的基地条件和设置的内容，设计多种方案加以比较也是提高策划能力的一种方法。方案必须要有创造性，各个方案应各有特点和新意而不能雷同，不同的方案在处理某些问题上也各有独到之处，因此，应尽可能地在权衡各种方案构思的前提下定出最终的合理方案。该方案可以以某个方案为主，兼收其他方案之长，也可以将几个方案在处理不同方面的优点综合起来，形成最终方案。

设计多种方案进行比较还能使设计者对某些设计问题做较深入的探讨，用形式语言去深入研究设计问题，这对设计能力的提高、方案构思的把握以及方案设计的进一步推敲和完善都十分有益（图4.2.4.1和图4.2.4.2）。

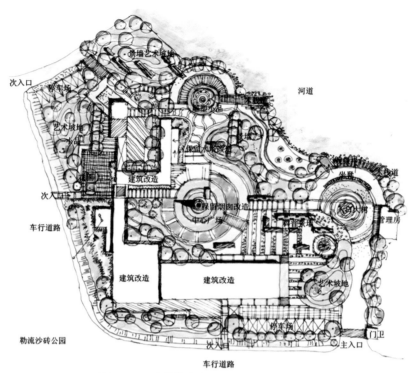

图4.2.4.1 顺德勒流砖厂文化公园改造方案（一）

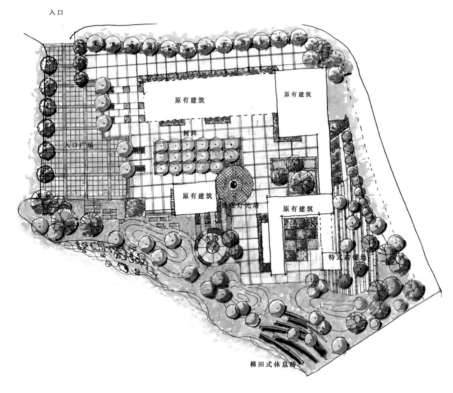

图4.2.4.2 顺德勒流砖厂文化公园改造方案（二）

模块五

园林景观设计任务分析

项目一　场地与人群需求设计分析

任务一　场地分析

目前园林景观设计人员在设计时大多由全面的设计分析开始，先进行基地调查，包括场地分析和人群需求的分析，熟悉物质环境、社会文化环境和视觉环境；然后对所有与设计有关的内容进行概括和分析；最后提出合理的方案，完成设计。整个设计历经先调查再分析，最后综合的过程。

在设计初期，设计的依据大多要以图纸的形式呈现，有些图纸由业主提供，也有些业主无法提供，则需要设计师现场勘察记录并且图示，这一步骤的成果是场地分析图。另外，需要的资料主要有地形图，其中标注出设计地块范围、地形标高，现有的植被、建筑，现有的市政设施和管线，以及规划部门的报告汇总，包括规划部门对道路地块性质的规定和设计建议，还有所处区域的总体规划。如果是大区域的风景区设计或景观规划，则还需要航拍照片等资料。在这些资料的基础上，设计师可以和业主、规划部门、建筑师进行可行性研究，其成果包括：

（1）策划文本：这一部分是让人们明白设计的是什么，是具有什么特性的景观，以此作为设计的动机和宗旨。

（2）基础资料整理：例如地质条件的改造、地块功能的分布和调整、现有市政设施的改造以及设计设想达到的各项技术指标。

（3）总体布局图示：可以是草图或者是简单的总平面设计。

（4）项目造价估算：这一步骤的估算可以是经验性的、大致的。

在可行性研究通过以后，设计师可以进一步进行方案设计。在整个设计程序中，设计者需要多次和业主等相关部门进行交流，并且收集规划设计前必须掌握的与基地有关的原始资料，这些资料包括：

① 所处地区的气候条件，包括气温、光照、季风风向、水文、地质土壤（酸碱性、地下水位）。

② 周围环境：包括主要道路、车流人流方向。

③ 基地内环境：包括湖泊、河流、水渠分布状况，各处地形标高、走向等。

④ 人工设施：包括建筑及构筑物、道路和广场、各种管线及管道口；

⑤ 视觉质量：包括基地现状景观、环境景观、视域；

⑥ 基地范围及环境因素：包括物质环境、知觉环境、小气候；

⑦ 人文环境：包括城市性质环境、地方文化风貌特色、城市规划法规。

任务二　人群需求分析

园林景观设计中，对于居住的、商用的、公用的以及其他任何类型的地产，都必须认真考虑直接用户的需求，只有考虑了人的价值的地产才可能被有效利用。园林设计者必须了解有关地产的使用功能和客户喜欢的样式类型，然后综合这些因素与场地分析中得到的实际信息，寻找恰当的解决途径。

为了得到一个合理的人群需求分析，设计师必须向客户进行广泛的调查。这些问题通常可以口头询问，也可以笔录调查或采用更为标准的表格形式。不管采取何种方法，园林设计师都必须仔细地选择那些与特定人群相关的信息。为了获取相关问题最确切的答案，必须给客户足够的时间回答。通常人们会花费

较多的时间去思考设计师提出的第一个问题。有些来自客户的最有价值的信息，可能是在思想交流过程中产生的。

以下是在人群居住需求调查中经常涉及的一些有代表性的问题：

（1）家庭成员的年龄、性别、业余爱好等，每个成员的使用习惯。

（2）个人对植物的偏爱，包括不同品种或总体类型中喜欢和不喜欢的植物，是否有过敏反应的植物。

（3）家庭成员在每周园林养护中花费的时间和所具有的养护能力。

（4）宅园所有者考虑把房屋作为永久住所还是过渡住所来使用，这个因素将成为一个有价值的设计指导原则。

（5）如果宅园中汽车道和停车场已经有地面铺装，它们是否令人满意或者需要调整。如果没有，为了进行设计，以下信息也同样需要获取：

①一般每天被停放在车道和停车位上的车辆数目；

②集会或特殊的聚会时可能停放的车辆数目以及这种特殊情况出现的频率；

③邻近宅园外停车场的可利用性和安全性；

④对上述地方现有照明的满意程度以及对于功能性照明是否有进一步的需要；

⑤人们对地面铺装的风格和类型有哪些偏爱。

（6）现有的庭院或平台是否令人满意。如果不满意，是否需要设计新的内园或平台。这需要了解以下信息：

①庭院将如何使用（如娱乐、户外餐饮、日光浴或仅仅为了休息），在一般和特殊情况下，同一时间内可能使用庭院空间的人数，以及人数较多时的使用频率；

②一天中使用庭院空间的时间及当地天气状况，从而决定是否需要使用密实或部分屋顶、屏障等；

③晚间或全天候使用等；

④需要哪种户外烹饪设备和与其配套的电器设施；

⑤是否需在庭院里设置长凳;

⑥顾客偏爱的庭院或平台表面铺装材料。

（7）现有步行道路和园路的适用性，以及对于道路系统要素的进一步需求。

（8）现在或将来是否有建造游泳池的计划。如果需要建造游泳池，需要了解以下信息：

①游泳池的期望尺寸和外形;

②是否需要增加与游泳池相关的储藏空间;

③游泳池空间围合护栏形式和护栏围合面积;

④夜晚使用时的灯光照明要求;

⑤建造的时间，可以据此规划进入场地进行挖掘和建造的通道。

（9）其他活动场地的需要：

①草地运动场（包括羽毛球场、篮球场、棒球场、足球场、投掷场、网球场）：了解这些活动举行的频率，以此决定对特殊硬质表面的需求;

②儿童活动场地及所需的运动器具（例如，沙坑、滑梯、秋千、填充池）及每人所需空间，场地是否需要遮荫或护栏;

③园艺空间：蔬菜、切花、草药或其他植物宅园的大小及所需的特殊储藏空间;

④服务区：包括隐蔽的晒衣绳、肥料桶、温室、冷床、宠物玩耍的地方、垃圾箱，或其他生活用具的大小、需求和增加储藏量的要求。

（10）休闲用交通工具，小艇、房车等专用停放处或仓库，交通工具所需的通道以及使用频率。

（11）园林中所需的特殊装饰小品：包括的范围很广，有雕塑、水体、喂鸟槽、洗浴设施、鹅卵石，以及各种特殊的园林灯饰等。

（12）了解一些特殊区域空间的使用功能，也可能会发现一些其他信息。

可将从场地分析和人群需要分析中搜集到的所有信息集中起来进行可行性研究，然后再设计。家庭需要的空间可能要比可利用的空间更多，应建成具有多功能的空间。此时养护所要求的条件也应该阐述清楚，以确保家庭成员的期望和他们的养护能力不发生矛盾。这个阶段会经常采取一些折中办法，以取得理想与家庭实际预算和能力之间的协调。一个好的人群需求分析常常有助于人们发现园林设计中的限制条件。

项目二　功能分区设计分析

任务一　功能关系

每个景观用地都有特定的使用目的和基地条件，使用目的决定了用地所包括的内容，这些内容有各自的特点和不同的要求。因此，需要结合基地条件合理地进行安排和布置，一方面为具有特定要求的内容安排相适应的基地位置，另一方面为某种基地布置恰当内容，在使用上尽可能地减少矛盾，避免冲突。

区域的划分便是对功能设定的整体布局，以确立一个大的基本框架，因为在园林景观规划中，合理的功能关系能保证各种不同性质的活动、内容的完整性和整体秩序性，所以首要工作就是弄清各项内容之间的关系。根据使用区之间性质差异的大小，可将区域关系划分为兼容的、需要分隔的和不相容的。

另外，整个拟建景区的内容之间还有一种内在的逻辑关系，比如动与静、内部与外部等。按照这种逻辑关系安排不同性质的内容，能保证整体的秩序性而不破坏其各自的完整性（图5.2.1.1至图5.2.1.4）

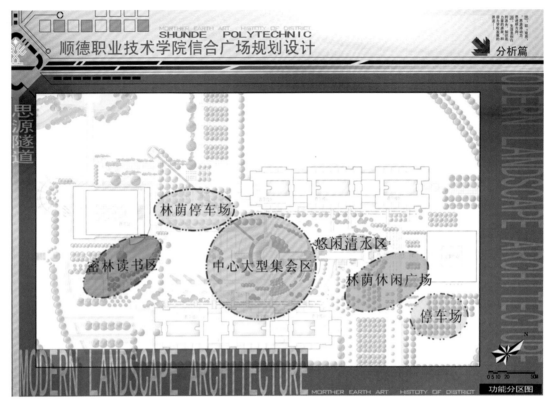

图5.2.1.1　顺德职业技术学院信合广场功能关系分析

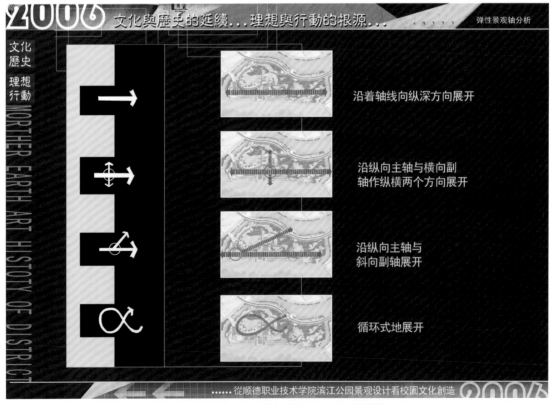

图5.2.1.2　顺德职业技术学院滨江公园景观轴线分析

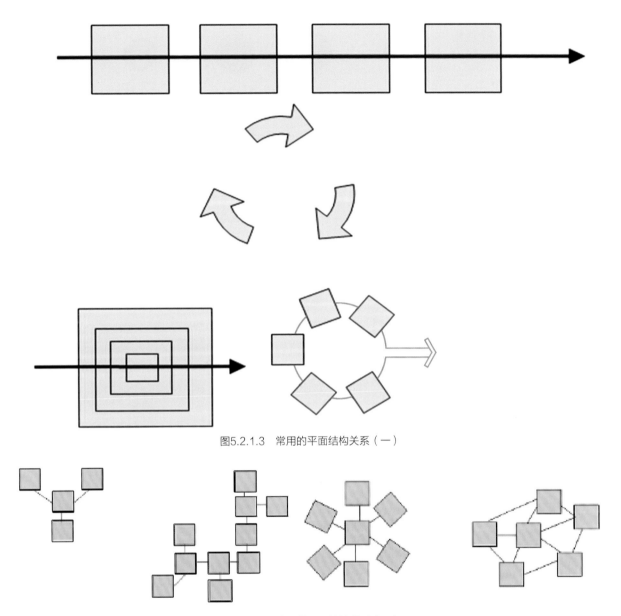

图5.2.1.3 常用的平面结构关系（一）

图5.2.1.4 常用的平面结构关系（二）

任务二 功能图解分析表达

园林景观内容多、功能关系复杂时可以使用图解分析表达，主要有框图、区块图、矩阵和网络几种方法，最常用的是图解分析法（又称泡泡图解法），能帮助设计者快速记录构思，解决平面内容的位置、大小、属性、关系、序列等问题（图5.2.2.1）。

功能图解分析表达借助不同关系强度的联系符号或者线条的数目，表示出使用区之间更加清晰、明了的关系。

明确各项内容之间的关系及其密切程度之后，根据主要内容的重要程度依次解决问题，并规划用地、布置平面。图中的点代表需解决的问题，箭头代表其属性。在布置平面时，可先从理想的分区开始，然后结合具体的条件定出分区；也可从使用区入手，找出其间的逻辑关系，综合考虑后定出分区（图5.2.2.2至图5.2.2.5）。

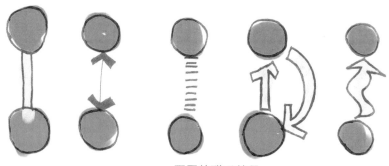

不同的联系符号

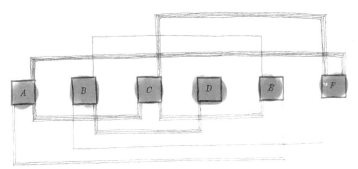

各功能区用方块依次排列，
关系的强弱用线条数目表示

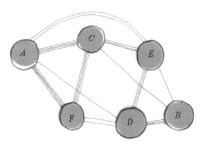

将关系强的放近一些

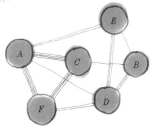

排列得更清楚些

图5.2.2.1　图解分析法

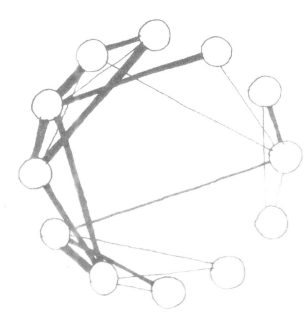

图5.2.2.2　内容较多时的分析方法

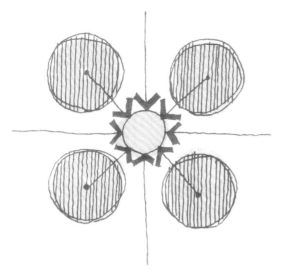

图5.2.2.3 抽象、理想关系

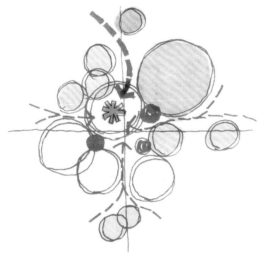

图5.2.2.4 解决矛盾，提出基本构思

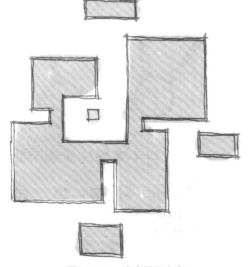

图5.2.2.5 确定平面方案

功能图解分析有很多种排列和组合的方式，在探寻其间理想的功能关系时，可先粗略地建立一种关系，然后检验它们之间有无冲突和矛盾，并作出评价。

任务三 园林用地规划功能组织

在设计分析过程中，当收集的所有信息被分类整理后，景观功能与空间关系已十分明确，这时设计师就应该着手进行园区功能划分和组织，结合基地条件、空间及视觉构图，确定各种使用区的平面位置（包括交通的布置和分级，广场和停车场地的安排，建筑及入口的确定等内容）。这些大小不等、形态各异的功能空间通过一定的脉络串联成为一个有机的整体，从而形成园林景观平面的基本格局。

不同的空间有不同的景观内容，设计师应从基地的土地利用、场所功能分析及组织的角度出发，确立各要素的布局。如以办公区的功能空间（包括公共道路、办公大楼、服务设施、公共活动与休息空间、绿化、内外停车用地、水泵房、机房），对这些不同的空间加以分区布局，如分为对外公共服务区、内部服务管理区，休闲观赏区等。在此，须对公共空间与私密空间的划分、用地的分配、有效资源的利用以及植被绿化的搭配等景观要素进行综合布局。

在设计过程的最初阶段，对园林中各区域的考虑，可能仅仅停留在其功能上。而到了后期，由于环境和美学因素的引入，园林中的各区域才会被认为是由具体的墙体、廊架和地面围合的"户外空间"，这样，每个区域的边界也就会变得更为明确。在这个阶段，区域的划分就好比制作拼图，即按照分析标准确定各分区的大致尺寸和形状，并反复调整，以找出最合理的位置。

园林场地区域的划分将满足场地分析和人群需求分析所需要的空间要求，有助于设计师对各空间边界进行评估，同时也要注意满足这些功能分区的大小尺寸和大体形状要求，尽可能量化，其量主要反映在面积上。有关功能活动区（如篮球场、羽毛球场等）的参数可以在相关规划资料中查询。

好的规划设计，可以使空间规划具有多项综合功能。有经验的设计师就会据此找出可以混合在一起的功能，使它们可以共享，如篮球场也可以用于打羽毛球或溜冰。如果园林中某个景区既满足实用功能又具有观赏性，便达到了设计目的。而园区内具有功能性的路线设计，在某种程度上恰恰决定了各分区能否满足实用功能。

任务四　空间分区与道路

将按比例绘制在描图纸上的园址及其上的建筑物图叠放在一起，设计师就可以在其上绘出分区"泡泡图"（Bubble Diagrams），即一种大致与所需的各个功能要素大小和形状类似的图形。设计师需要绘制几种不同组合方式的泡泡图，以确定可利用空间的最佳方案。设计师在区与区之间绘出线条，检验道路系统的合理性。不常用的道路用细线或虚线标出，而那些较常用的则使用粗线标出，画这些路线可以使设计师明确使用者是怎样从一个区向另一个区移动的。最终的方案应该是可利用空间的最佳化和道路交通的快捷化。"泡泡图"是粗略划分区域和交通道路系统的好方法（图5.2.4.1至图5.2.4.4）。

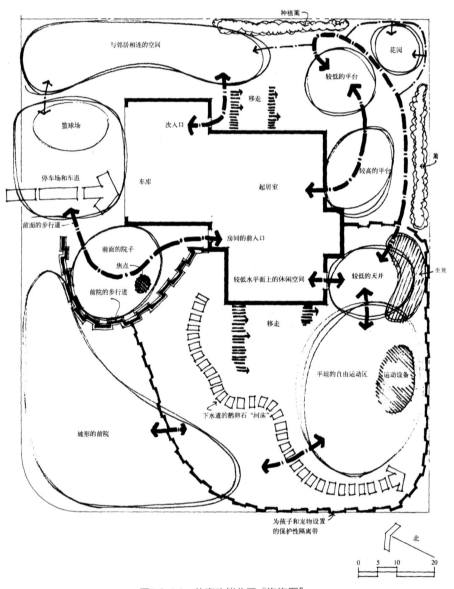

图5.2.4.1　住宅功能分区"泡泡图"

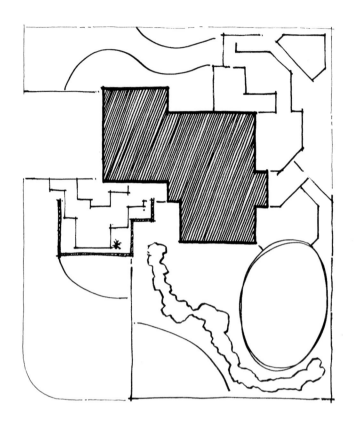

图5.2.4.2 住宅功能形式演变图

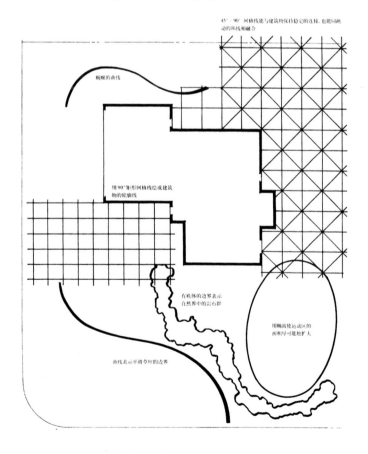

图5.2.4.3 住宅功能主题构成图

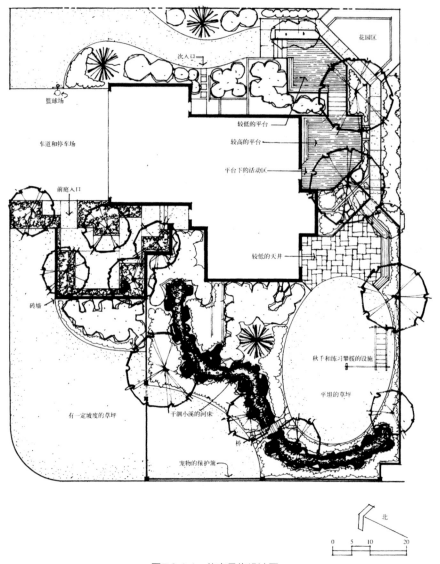

图5.2.4.4　住宅最终设计图

项目三　道路组织系统分析

任务一　园路的概念

这里所说的园路主要是指景观道路，即绿地景观中的路、广场等各种铺装地坪。园路是景观不可缺少的构成要素，是园林的骨架。园路决定各园景空间的位置关系，组织景区的更替变化，规定各景点的展示程序、显现和观赏距离。

园路的规划布置往往反映不同的园林面貌和风格。例如，我国苏州古典园林讲究峰回路转、曲折迂回，而西欧古典园林则讲究平面几何形状。图5.3.1.1和图5.3.1.2所示为不同地区的园路景观设计。

图5.3.1.1　深圳东海花园公共绿地道路

图5.3.1.2　日本陆奥池田纪念墓地公园

任务二　园路的功能

园路和多数城市道路的不同之处在于，除了组织交通运输的功能外，还有其景观上的要求：组织游览线路和提供休憩地面。广场的铺装、线型、色彩等本身也是景观的一部分，园路本身也成为观赏对象。

任务三　园路的种类

绿地的园路一般分为以下几种类型。

一、主要道路

主要道路必须考虑通行、生产、救护、消防和游览车辆的要求，一般宽7~8 m（图5.3.3.1）。

图5.3.3.1　日本青山学院大学主要道路

二、次要道路

次要道路用来沟通各景点、建筑，通行轻型车辆及人力车，一般宽3~4 m。

三、休闲小径、健康步道

健康步道是通过行走在卵石路上按摩足底穴位以达到健康目的，且又可作为园林一景（图5.3.3.2），双人步道宽度一般设为1.2~1.5 m，单人步道一般设为0.6~1 m。

园路是绿地中的部分，它的空间尺寸既包含路面的铺装宽度，也有四周地形地貌的影响，不能以铺装宽度代替空间尺度要求。

园路与地坪有乱石铺地、碎大理石冰裂铺地、砖花铺地、卵石铺地、青石板地坪、大理石地坪、花岗石地坪、小青瓦地坪，以及砖、卵石、卵石乱花纹图案铺地等。其本身是园景的组成部分，影响着园林的形式和风格，可通过路面的起伏变化和各种材料的色彩组成达到成景效果。在绿地中设置的许多景点，就是用园路将其连起来的。地坪是进行集中活动的场所，广场地坪由于面积较大，可适当安置健身器材，为集会、晨练提供空间。

图5.3.3.2 别墅休闲小道

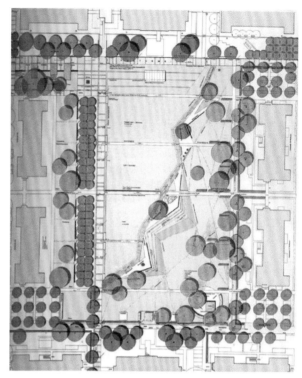

图5.3.4.1 德国直线型道路形式

任务四 景观道路的线型

规划中的景观道路有自由、曲线的方式，也有规则、直线的方式，形成两种不同的景观风格。在采用一种方式为主的同时，也可以用另一种方式补充。不管采取什么样式，景观道路忌讳断头路、回头路，除非有一个明显的终点景观和建筑。景观道路并不总是一成不变的沿着中轴、两边平行，它可以是不对称的。

景观道路也可以根据功能需要采用变断面的形式。如转折处宽窄不同、坐凳和座椅处的外延边界、路旁的过路亭，还有道路和小广场相结合等。这样宽窄不一、曲直相济，反倒使道路多变、生动起来，使道路的休闲、停留功能和人行、运动功能相结合，各得其所（图5.3.4.1和图5.3.4.2）。

任务五 园路设计方法

园路和广场的尺度、分布密度应该是人流密度客

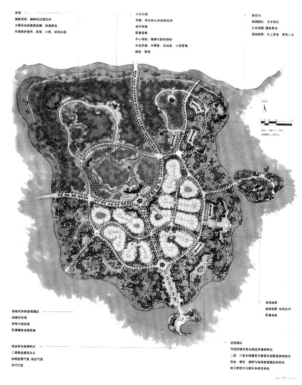

图5.3.4.2 梨花半岛度假村规划设计

观、合理的反映。在人多的地方，如游乐场、入口大门等处，尺度和密度要相对大一些；在休闲散步区域，则要小一些。如果没有足够面积的道路，绿地就极易被破坏。

一般景观绿地通车频率并不高，人流也分散，不必为追求景观的大尺度而随意扩大路面铺砌范围，减少绿地面积，增加工程投资。应该注意园路两侧空间的变化，使其疏密相间，留有视线，并适当设置缓冲草地，以开阔视野，并借以解决节假日、集会人流的集散问题。景观中最为重要的是绿色植物景观，而不应只是人工构筑物（图5.3.5.1）。但是现在也有很多园林景观规划设计过分地夸大地坪的设计面积，导致终日暴晒，于人的行为不利，也于生态不利。

图5.3.5.1　日本和平墓地道路景观

在设计步道时，设计者应该牢记交通是其主要目的。如果它们不能使人们从一个位置到达另一个位置，那么其设计就是失败的。

由于人们往往喜欢从一个地方通向另一地方的直道，不愿走多余的弯路。因此，在路的设计中也应注意这一点。一条到处弯曲的道路在图纸上看上去虽然漂亮，但它并不能充分满足功能。道路虽然不一定要用直线连接两点，但也不应明显偏离人们的目的地。

一个别墅住宅常常有两种类型的道路——步行道和机动车道。充分考虑每一种类型是设计师的任务之一。车道和停车场组成了居住区机动车辆的道路。设计师应该仔细研究道路的长度和形状（取决于人群需求分析），然后根据设计原则进行必要的调整改造。

车道必须满足各种车辆通行和转弯的需要，而且应尽量使车辆易于到达车库和停车场，并尽量降低费用。除此之外，还要求车道和停车场尽量隐蔽。大面积的硬质铺装会影响园区景观效果。

住宅步行园路包括主干道、次级路、游步路和草坪地开放路。主干道最常用，它是进入住宅的主要通道。这些路的宽度应能容纳两个人并排行走，最小宽度不能小于4 m。因为它们经常使用，所以应铺设一个硬实、安全且容易清扫的表面。

次级路是住宅庭园中必需的，但并没有主干道那样高的使用频率，它们经常只供个人行走。因为是单人使用，所以宽度只需2.5~3 m。连接后院和前院或连接两个内院的路应考虑设为次级路，虽然按照使用频率，次级路也需要硬质地表，但它比主干路更灵活。它可以是分离的汀步石，也可以是混凝土现浇的大小不同的石块。游步路不常用，因此，游步路经常是汀步石、树墩或设计的其他碎料。游步路可作为一个种植床的边界或划分一个宽阔的草坪（图5.3.5.2）。

任务六　道路组织系统的特性

道路组织系统的特性有如下几点：

（1）诱导游园：不同的环境可能诱导人们不同

图5.3.5.2　日本别墅入口道路景观

的行为，设计道路系统时必须考虑人在一定环境中的行为模式，诱导游人游园。

（2）与景对应：每个景观节点之间都要互相有联系，不一定是道路上的联系，有时候也会是视线上的联系，而道路组织系统要把每个景观节点合理地连接起来。

（3）行进曲折：在苏州园林中，道路经常是行进曲折的，引人入胜，诱导人们游园。直线通常是可以快速通过的道路，但是整个园区如果只有几条直路，就只能满足通行需求，往往是不吸引人的。

（4）周始回环：道路组织系统应是一条环线，不应是断头路，要周始回环。

（5）形态变幻：在不同设计中，道路组织系统的形态应是变幻的，是各具特色的。

（6）铺砖合理：对不同道路需求，应选择不同类型的铺砖。例如人流量大的道路，应采用防滑、抗压的铺砖。屋顶花园应采用比较轻的铺砖，以减轻屋顶花园对顶板的压力（图5.3.6.1）。

图5.3.6.1　屋顶花园道路景观

项目四　地形设计分析

任务一　地形特征

地形是外部环境的地表因素。在进行设计时，地形是最重要、也是最常用的设计因素之一。地形是所有室外活动的基础。同时，它在设计的运用中既是一个美学要素，又是一个实用要素。

地形包括山谷、高山、丘陵、草原以及平原等复杂多样的类型，这些地表类型一般称为"大地形"。从园林范围来讲，地形包含土丘、台地、斜坡、平地，以及因台阶和坡道所引起的水平面变化的地形，这类地形统称为"小地形"。起伏最小的地形叫"微地形"，它包括沙丘上的微弱起伏或波纹，或道路上石头和石块的不同质地变化。

任务二　地形的类型

地形的起伏可以丰富园林景观，创造不同的视线条件，形成不同的空间。

一、平坦地形

平地在视觉上空旷、宽阔，视线遥远，景物不被遮挡，具有强烈的视觉连续性（图5.4.2.1）。平坦地形能与水平造型互相协调，使其很自然地同外部环境相吻合，并与地面垂直造型形成强烈的对比，使景物突出。

图5.4.2.1　田野

二、凸地形

凸地形的表现形式有土丘、丘陵、山峦以及小山峰（图5.4.2.2）。凸地形在景观中可作为焦点物或具有支配地位的要素，特别是当其被较低矮的设计要素所环绕时，更是如此。从情感上来说，上山与下山相比，前者能产生对某物或某人更强的尊崇感。因此，那些教堂、寺庙、宫殿、政府大厦以及其他重要的建筑物（如纪念碑、纪念性雕塑等），常常耸立在地形的顶部。

图5.4.2.2　西式台地园

三、脊地

脊地总体上呈线状，与凸地形相比，其形状更紧凑、更集中，是更"深化"的凸地形（图5.4.2.3）。与凸地形相类似，脊地可限定户外空间边缘，调节其坡上和周围环境中的小气候。在景观中，脊地可被用来转换视线在一系列空间中的位置，或将视线引向某一特殊焦点。脊地在外部环境中的另一特点和作用是充当分隔物。脊地作为一个空间的边缘，犹如一道墙体将各个空间或谷地分隔开来，使人感到有"此处"和"彼处"之分。

图5.4.2.3　脊地地貌

四、凹地形

凹地形在景观中被称为碗状洼地。凹地形在景观中通常作为一个空间（图5.4.2.4），当其与凸地形相连接时，可完善地形布局。凹地形是景观中的基础空间，适合进行多种活动。凹地形是一个具有内向性和不受外界干扰的空间，给人一种分割感、封闭感和私密感。凹地形还有一个潜在的功能，就是充当一个永久性的湖泊、水池，或者充当暴雨之后一个暂时储水的水池。

图5.4.2.4　桂林龙胜梯田

五、谷地

谷地综合了某些凹地形和脊地地形的特点（图5.4.2.5）。与凹地形相似，谷地在景观中也是一个低地，是景观中的基础空间，适合安排多种项目和内容。但它与脊地相似，也呈线状，具有方向性。

图5.4.2.5　谷地地貌

任务三　地形的实用功能

一、构成园林骨架并作为园林主景

地形被认为是构成任何景观的基本骨架，是其他设计要素和使用功能布局的基础。作为园林景观的结构骨架，地形是园林基本景观的决定因素。地形平坦的园林用地，有条件开辟大面积的水体，因此其基本景观往往是以水面形象为主的景观（图5.4.3.1）。地形起伏大的山地，由于地形所限，其基本景观就不会是广阔的水体景观，而是奇突的峰石和莽莽的山林。

图5.4.3.1　郊外的地形景观

二、分隔景观空间

地形具有构成不同形状、不同特点的园林空间的作用。园林空间的形成由地形因素直接制约。地块的平面形状决定了园林空间在水平方向上的形状，地块在竖向有什么变化，空间的立面形式也会发生相应的变化。例如，在狭长地块上形成的空间必定是狭长空间，在平坦宽阔的地形上的空间是开放性的空间，而在山谷地形中形成的空间则必定是闭合空间等，都说明地形对园林空间的形状也有决定性作用（图

5.4.3.2至图5.4.3.4）。

图5.4.3.2　景观地形

图5.4.3.3　地形分隔空间

图5.4.3.4　滨海岸边地形处理

三、控制景观视线

地形可以控制人们的视线，从而引导人们游园，设计者应控制整个景观节点的合理布置，使各种不同的地形形成各种不同的景观视线（图5.4.3.5）。

图5.4.3.5 日本城西国际大学

四、地形影响景观导游路线和速度

改造地形，改变运动频率，可影响景观导游路线和速度。

五、改善小气候

地形的改造，可以创造不同的小气候。

六、利用地形排水

地形的改造可以形成坡度，达到排水目的（图5.4.3.6）。

图5.4.3.6 利用地形排水

七、美学功能

地形地貌的设计是否恰当，处理是否合适，不仅是一个工程技术方面的问题，也是能否创造出优美景观的关键因素之一。

任务四 园林地形的设计原则

一、因地制宜，利用为主

对原有的自然地形、地势、地貌要深入研究分析，能够利用的要尽量利用，做到尽量不动或少动原有地形与现有植被，以便更好地体现原有乡土风貌和地方环境特色。在结合园林各种设施的功能需要、工程投资和景观要求等多方面综合因素的基础上，采取必要的措施，进行局部的、小范围的改造。

二、满足使用功能

进行园林地形设计时，首先要考虑使园林地形的起伏变化能够适应各种功能设施对建筑、场地的用地需要，尽量设计为平地地形；对园路用地，则依山随势，灵活掌握，要控制好最大纵坡、最小排水坡度等关键的地形要素。在此基础上，同时要注重地形的造景作用，尽量使地形变化适合造景需要。

三、符合园林艺术审美

园林美源于自然又高于自然，是自然景观和人文景观的高度统一。园林美具有多元性，在园林的地形规划中必须遵循园林的审美法则。

四、符合自然规律

园林中的地形是具有连续性的，园林中的各组成部分是相互联系、相互影响、相互制约的，彼此不可能孤立存在。因此，每块地形的规划既要确保排水及种植要求，又要与周围环境融为一体，力求达到自然过渡的效果。

任务五　地形设计

一、陆地

1. 土地面

土地面可用作文体活动的场地，如在林中的场地即林中空地，有树荫的地方适合夏日活动和游息，但在城市公园中应力求减少裸露的土地面。

2. 沙石地面

有些地面有天然的岩石、卵石或砂砾，可视情况将其用作活动场地或风景游憩地（图5.4.5.1）。

图5.4.5.2　日本城西国际大学校园铺装（一）

图5.4.5.1　沙石草地

图5.4.5.3　日本城西国际大学校园道路铺装（二）

3. 铺装地面

铺装地面可用作游人集散的广场、观赏景色的停留地点，以及进行文体活动的场地。可用砖、片石、水泥、预制块等铺装成规则的形式，也可结合自然环境做成不规则形式（图5.4.5.2和图5.4.5.3）。

4. 绿化种植地面

在草地种植树木花卉，可形成不同的景观。大片开阔的草地可用于文体活动和坐躺休息，种植的花境可观赏，形成的树林也可用于游憩和观赏（图5.4.5.4）。

图5.4.5.4 英国的庭园绿化

二、坡地

坡地就是倾斜的地面（图5.4.5.5），因地面倾斜的角度不同，坡地可分为以下几类。

图5.4.5.5 维多利亚公园坡地

1. 缓坡

坡度在8%~10%的为缓坡，一般可用作活动场地。

2. 中坡

坡度在10%~20%的为中坡，一般可用作景观造景，包括植物造景和土方造景。

3. 陡坡

坡度在20%~40%的为陡坡，在有平地配合时，可利用地形的坡度作为观众的看台，或作为栽植植物用地。

三、山地

山地包括自然山地和人工堆山置石（图5.4.5.6）。

图5.4.5.6 风景区的山地

四、叠石

假山叠石工程是指采用自然山石进行堆叠而形成的假山、溪流、水池、花坛、立峰等景观的工程（图5.4.5.7）。

图5.4.5.7 日式庭院堆山叠石

五、理水

理水泛指各类园林中的水景处理。

项目五　植物设计分析

植被在园林景观设计中也是必不可少的因素之一，在园林景观设计中，植被除了作为设计的构成因素外，还使环境充满生机和美感。对园林景观设计中的植物的设计分析，在于对所有的植物功能有着透彻的了解，并熟练地、恰当地将植物运用于设计中。因此，设计师必须了解植物的外观特性，如植物的尺度、形态、色彩与质地，并且还要了解植物的生态习性和栽培。植物配置应用成功与否在于能否将植被的非视觉功能和视觉功能统一起来。

任务一　植物功能

植被的非视觉功能是指植被改善气候、保护物种的功能，而其视觉功能是指植被在审美上的功能，通过其视觉功能可以装饰场所和建筑物。

（1）空间造型功能：包括界定空间、遮景、提供私密性空间和创造系列景观等（图5.5.1.1至图5.5.1.3）。

（2）工程功能：防止眩光，防止土壤流失，降低噪声，以及交通视线诱导（图5.5.1.4）。

图5.5.1.1　界定空间立面

图5.5.1.2　植物空间造型平面设计

图5.5.1.3　界定空间

图5.5.1.4　交通视线诱导

（3）调节气候功能：遮荫、防风、调节温度，并影响雨水的汇流（图5.5.1.5）。

图5.5.1.5　提供遮荫

（4）美学功能：强调主景、框景及美化其他设计元素，使其作为景观焦点或背景（图5.5.1.6和图5.5.1.7）。

图5.5.1.6　强调主景

图5.5.1.7　美化设计元素

任务二　植物空间

植物对于空间的进一步划分可以在空间的各个面上进行。在平面上，植被可以作为地面材质和铺装结合，暗示空间的划分；也可进行垂直空间的划分，枝叶较密的植被在垂直面上将空间限定得较为私密，而

树冠庞大的遮荫树又从空间顶面将空间进一步划分（图5.5.2.1）。

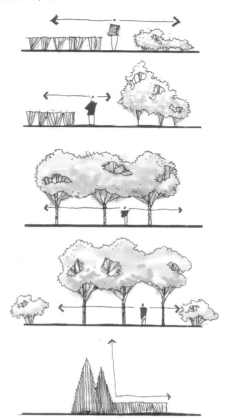

图5.5.2.1　植物空间

利用树木等植物，可将空间进一步划分为以下几类：

（1）开放空间：利用低矮的灌木和地被植物作为空间界定因素，可形成流动的、开放的、外向的空间（图5.5.2.2）。

图5.5.2.2　开放空间

（2）半开放空间：在开放空间一侧利用较高的植物可形成单向的封闭空间，这种空间有明显的方向性和延伸性，用于突出主要的景观方向（图5.5.2.3）。

图5.5.2.3　半开放空间

（3）开敞的水平空间：利用成片的高大乔木的树冠形成一片顶面，和地面形成四面相对开敞的水平空间（图5.5.2.4）。

图5.5.2.4　开敞的水平空间

（4）封闭的水平空间：在水平空间的基础上以低矮的灌木在四周加以限定，可形成封闭的水平空间，其特性是和周围环境相对隔离（图5.5.2.5）。

（5）垂直空间：将树木的树冠修剪成锥形，可形成垂直和向上的空间态势（图5.5.2.6）。

另外，植物的种植既可以减缓地面高差给人带来的视觉差异，也可强化地面的起伏形状，使之更加奇特（图5.5.2.7和图5.5.2.8）。

植物的空间改造有以下几种手法：

（1）包被：这种方法指的是将植物和建筑两者结合，围合成私密性较强的封闭空间（图5.5.2.9）。

（2）连续：利用成片或者成线的植物轮廓，将一些相对分散、缺乏联系的建筑元素联系起来，利用植被完善建筑平面和立面的构图（图5.5.2.10）。

图5.5.2.5　封闭的水平空间

图5.5.2.6　垂直空间

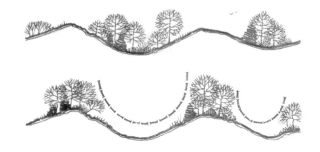

图5.5.2.7　植物增强或减弱由地形构成的空间

图5.5.2.8　植物改造地形

图5.5.2.9　包被

图5.5.2.11　莱蓝色花园

例如住宅前面的灌木和公园座椅旁边的灌木（图5.5.2.11和图5.5.2.12）。

图5.5.2.10　连续

图5.5.2.12　落叶植物

（3）遮蔽：这一手法是建立在对人的视线分析基础上，在分析了视线以后，可利用适高的植被将部分景观遮盖起来，例如风景区中的道路和停车场等。

（4）私密性控制：可利用植被将人的行为空间相对遮蔽起来，这样可给人一种安全感和私密感。

任务三　植物的特性

在植栽设计中，植物作为设计素材，灵活运用其特性显得尤为重要。树木作为植栽设计的主要构成要素，由于树种的不同，其大小、形状、质感、花及叶的季节性变化也不相同。即使是同一树种，也存在着个体差异，设计就针对这些树种的选择与组合来展开，根据色、形、质感等树木的特性对原有植物进行了适当的调整。

随着季节变化的形态差异，植物也使空间的划分随着时间推移而有所变化，形成多样的风格。植物的色彩和质地是植物设计常被忽视的因素。深绿色能使空间显得安详静谧，因为深色会给人以景物向后退的感觉；浅绿色相对来讲明亮轻快、令人愉悦，给人以景物向前突进的感觉；红色、橘红色、黄色、粉红色都可以给整个设计增添活力和兴奋点（图5.5.3.1）。

图5.5.3.1　彩色花卉

在景观设计中，要注意植被色彩的搭配。例如当绿篱和高大乔木并置时，低矮的绿篱呈深绿色，乔木的树冠颜色较浅，这样的组合相对来说在视觉上有稳定和谐的倾向；反之，则有动感和不稳定的倾向。深色的树叶可以给鲜艳的花朵和枝叶作背景，强化主体颜色的效果。

植物的质地主要是指植物个体或群体在视觉上的粗细感，这是由植物枝叶的形态决定的。常见的植物

按叶子形态大致分为落叶型、针叶常绿型、阔叶常绿型几类，其中针叶树木的质地较细密，阔叶树木的质地较为稀疏。粗质地的枝叶非常容易吸引视线，其生命力充沛，有逼近感，但应该适当运用，以免过于分散，使设计尺度失调。中质地的植物枝叶大小适中，适于作为粗质地和细质地植物的中介物。细质地的植物大多属于针叶植物或者叶子较小的落叶型植物，这种植物较适合布置面积较小的空间，会使空间显得宽敞，适合用于较为拥挤的空间内（图5.5.3.2）。

图5.5.3.2　竹林

任务四　植物的设计分析

一、植物设计的原则

（1）尽可能保留原有植物（加以保护利用），注意保持原有树种和树种多样性，必要时可以引进一些适生的植物种类，满足植物生态要求（图5.5.4.1），也可集中培育一些观赏树种，如竹类。

图5.5.4.1　滨水植物景观

（2）将平面植物的配置与空间环境相结合，使得总体布局协调，景观立面层次更加清晰丰富（图5.5.4.2）。

图5.5.4.2　建筑旁植物景观

图5.5.4.3　台湾省立美术馆植物配置

（3）植物造型要与植物生长的习性相结合，例如对土壤的适应程度、喜阴或喜阳等。行道树选种要注意树种分叉点尽量高，避免分叉点太低影响交通。尽量不要采用果实较大且会自行脱落的植物，以免砸伤行人。栽种植物必不可少的就是其生态基础土壤。都市中的地面大多是人工地基，高楼风和汽车尾气也不利于植物的生长。屋顶平台的绿化要受到维护保养的制约及土壤厚度的限制。

（4）充分考虑四季季相变化进行植物配置。

（5）与其他植物构景元素相结合，形成综合的景观效果（图5.5.4.3）。

（6）植物是不断生长的，植栽时必须事先设定适当的种植密度，预留将来生长的空间并制定出管理方法。

图5.5.4.4　孤植植物景观空间

二、植物配置的方式

1. 孤植

孤植是对于一些较名贵、稀有的树木的配置方式，可以点景或形成特定的空间。将其种植在比较开阔的空间，突出孤植树在形体、姿态、色彩方面的特色（图5.5.4.4）。

2. 对植

对植在平面上可以暗示空间，空间上可用树木形成"门式"的形态（图5.5.4.5和图5.5.4.6）。

3. 列植

列植成行列排布，可形成同种类、同形状，也可以是不同类型（图5.5.4.7至图5.5.4.8）。

图5.5.4.5　广场植物配置

图5.5.4.6　阶梯植物景观空间

图5.5.4.7 公园植物景观

图5.5.4.8 不同类型植物列植景观

4. 叠植

叠植是指将某种树木、植物叠加种植在一起，以取得层次丰富、环境充盈的效果（图5.5.4.9）。

图5.5.4.9 叠植

5. 丛植

丛植是指将三棵以上的树木种植在一起的方式，丛植可以取得自然、活泼的效果，一般以奇数出现，大小搭配（图5.5.4.10）。

图5.5.4.10 丛植

6. 群植

群植是指成片种植一种树，或以一种树木为主、其他树木为辅进行更大范围的种植，树木数量在20~30株以上，表现树群的群体美（图5.5.4.11）。

图5.5.4.11 群植

7. 林植

成片、成块大量栽植乔灌木，使其构成林地或森林景观的种植称为林植，大多用在面积较大的公园安静区、风景游览区或疗养区防护带等（图5.5.4.12）。

图5.5.4.12　林植

8. 绿篱

由灌木或小乔木以近距离的株行距密植，栽成单行或双行，这种紧密结合的、规则的种植形式，称为绿篱或绿墙（图5.5.4.13）。

图5.5.4.13　绿篱

（1）绿篱的类型：按高度可分绿墙（160 cm以上）、高绿篱（120~160 cm）、绿篱（50~120 cm）和矮绿篱（50 cm以下）。根据功能要求与观赏要求，绿篱可分为常绿绿篱、花篱、观果篱、刺篱、落叶篱、蔓篱与编篱等。

（2）绿篱的作用与功能：景观设计中常以绿篱作防范的边界，可在刺篱、高篱或绿篱内加铁刺丝。绿篱可以限定游人的游览路线，使其按照所指的范围参观游览，不希望游人通过的范围可用绿篱围起来。景观中常用绿篱或绿墙进行分区和作视线屏障，分隔不同功能的空间。这种绿篱最好用常绿树组成高于视线的绿墙，把各区域（如儿童游乐场、露天剧场、运动场与安静休息区）分隔开来，减少互相干扰。在自然式布局中，有局部规则式的空间，也可用绿墙隔离，使强烈对比、风格不同的布局形式得到缓和。

景观中常以中篱作分界线，以花坛和观赏草坪的图案花纹作规则式园林的区域划线。种植密度根据使用目的不同，树种、苗木规格和种植地带的宽度而定。矮绿篱和一般绿篱，株距可采用30~50 cm，行距为40~60 cm，双行式绿篱呈三角形叉排列。绿墙的株距可采用1~1.5 m，行距为1.5~2 m。

三、植物配置的类型

1. 几何规则式种植

在法国，规则式园林中的植被往往被修剪成规则的几何形，布置于道路和轴线两侧，强化整个园林的轴线（图5.5.4.14）。

图5.5.4.14　几何规则式种植

2. 英国式自然种植

植被的种植自由，往往不加修剪，呈自然生长的态势，在设计中注重植被种类和形态的多样性组合（图5.5.4.15）。

图5.5.4.15　英国式自然种植

3. 自然式种植

这种种植方式较自由，不成行列，以反映自然界植物群落的自然之美（图5.5.4.16）。

图5.5.4.16　自然式种植

4. 后现代式风格种植

这种种植方式在设计上强调形式的简洁大方，倡导生态、原始至上的自然主义原则。

任务五　植物类别

植物分为乔木、灌木、花卉和藤木等。常见绿化植物品种参考如下。

一、常绿针叶树

（1）乔木类：包括雪松、黑松、龙柏、马尾松、桧柏等。

（2）灌木类：包括罗汉松、千头柏、翠柏、匍地柏、日本柳杉、五针松等。

二、落叶针叶树

落叶针叶树包括乔木类水杉、金钱松、水杉、池杉、落羽杉、水松等。

三、常绿阔叶树

（1）乔木类：包括樟树、天竺桂、柠檬桉、巨尾桉、白千层、蒲桃、海南蒲桃、秋枫、台湾相思树、直干相思树、紫檀、小叶榕、大叶榕、高山榕、雀榕、印度橡胶榕、菩提树、桃花心木、第伦桃、盆架子、榄仁树、小叶榄仁、波罗蜜、莲雾、人面子、南洋杉、人心果、麻楝、木麻黄、白兰花、夜合花、小叶杜英、广玉兰、黄槿、芒果、龙眼、荔枝、橄榄、枇杷、杨梅、柚、海南杜英、罗汉松、龙柏、桂花、四季桂、含笑、米兰、山茶、垂榕、蝴蝶果等。

（2）灌木类：包括非洲茉莉、鸳鸯茉莉、希茉莉、木槿、扶桑、吊灯花、悬铃花、一品红、美蕊花、三角梅、大花栀子、绣球花、桢桐、野牡丹、红继木、曼陀罗、白纸扇、红纸扇、黄蝉、软枝黄蝉、毛杜鹃、西洋杜鹃、双荚决明、硬骨凌霄、桃金娘、龙船花、云南黄素馨、茉莉花、文殊兰、蜘蛛兰、蟹爪兰、美人蕉、石海椒、蓝雪花、蓝星花等。

四、落叶阔叶树

（1）乔木类：包括鹅掌楸、梧桐、重阳木、南洋楹、大叶合欢、银合欢、枫香、垂柳、吊瓜树、团花树、银桦、朴树、无患子、黄连木、楝树、乌桕、木油桐、银杏、苹婆、柿树、无花果、桑树、番木瓜、番石榴、红枫、金合欢等。

（2）灌木类：包括樱花、白玉兰、桃花、腊梅、紫薇、紫荆、槭树、青枫、红叶李、贴梗海棠、钟吊海棠、八仙花、麻叶绣球、金钟花、术芙蓉、木槿、山麻杆、石榴等。

五、竹类

竹类包括碧玉间黄金竹、青皮竹、泰竹、佛肚竹、撑篙竹、单竹、麻竹、方竹、绿竹、凤尾竹、箬竹、小琴丝竹、红竹、慈孝竹、观音竹、黄金镶碧玉等。

六、藤木

藤木包括鹰爪花、邓伯花、使君子、珊瑚藤、爬山虎、炮仗花、白花油麻藤、紫藤、辟荔、茑萝、牵牛花、槭叶牵牛、蛇藤、素方花、马兜铃、蒜香藤、木玫瑰、连理藤、西番莲、络实、地锦、常春藤等。

七、花卉

花卉包括繁星花、非洲凤仙花、四季秋海棠、串红、矮牵牛、杂交石竹、羽衣甘蓝、孔雀草、万寿菊、旱金莲、三色堇、夏堇、鸡冠花、金盏菊、千日红、百日草、太阳花、马齿牡丹、大波斯菊、瓜叶菊、醉蝶花、大花萱草、薰衣草、一串红、五色苋等。

八、地被

地被包括紫背竹芋、合果芋、白蝶合果芋、绿萝、吊竹梅、肾蕨、冷水花、小蚌兰、白鹤芋、沿阶草、银边麦冬、马缨丹、银叶菊、龙吐珠、虾衣花、爆竹红、海边月见草、马鞍藤、常春藤、络石、姜花、旱伞草、纸莎草、鸢尾、千屈菜、水仙、荷花、睡莲、三裂蟛蜞菊、红花酢浆草、蔓花生、马蹄金等。

九、草坪

草坪包括马尼拉、天鹅绒草、结缕草、麦冬草、四季青草等。

任务六　植物品种选择

一、选择程序

首先根据植物景观类型布局图、植物景观类型统计表和植物景观类型构成分析表等资料，综合分析各景观类型的结构，确定植物类型及要求，制订植物类型及要求工作表。

然后分析并确定配置场地的气候耐寒区和主要环境限制因子。根据场地的气候耐寒区、主要环境限制因子、植物类型及要求工作表来与植物数据库配对搜寻，确定粗选的植物品种。再根据景观功能和美学的要求，进一步筛选植物的主要和次要品种及数量。原则上提倡多植物群落原则，但并非植物品种越多越好，杜绝拼凑。

以一般的小区来说，15~20个乔木品种，15~20个灌木品种，15~20宿根或禾草花卉品种已足够满足生态方面的要求。

二、植物初植大小的确定

植物初植大小可利用一些美学的生态手法来综合确定。在树体比例尺度的处理方面，应尽量缩小最大规格和最小规格植物的大小差距。在群体中的单株植物，其成熟程度应在75%~100%。在群体中布置单体植物时，应使它们之间有轻微的重叠。排列单体植物的原则，是将它们按奇数（如3、5、7等）组合成一组，每组数目不宜过多。

三、植物数量的确定

植物种植间距由植株年龄大小确定。在实际操作过程中，可以根据植物生长速度的快慢适当调整，但不要随意加大栽植密度（图5.5.6.1）。

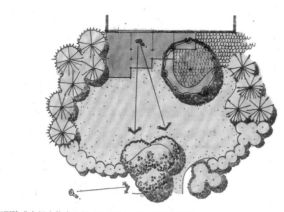

在庭院式空间中作为主景和作为出入口标志的观赏植物

图5.5.6.1　植株密度

四、在植物景观类型结构中的位置定位

根据各景观类型的构成和各构成植物本身的特性将它们布置到适宜的位置。设计师的主要任务涉及植物的美学外观设计和整体造型因素的控制与协调（图5.5.6.2）。

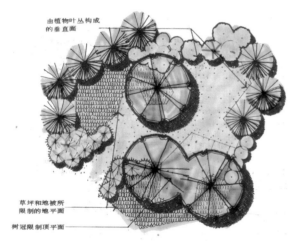

由植物叶丛构成的垂直面

草坪和地被所限制的地平面

树冠限制顶平面

由植物材料限制的室外空间

图5.5.6.2　植物景观位置定位

项目六　地面铺装设计分析

铺装材料是指具有任何硬质的自然或人工铺地材料，是道路系统的重要组成部分。它的设计主要在平面内进行，色彩、构形和表面质感处理是它的主要组成要素。在园林景观空间的构成中，铺装材料在地面上的使用和组织，在完善和限制空间的感受上，以及在满足其他所需的实用和美学功能方面具有重要作用。铺装材料是唯一"硬质"的结构要素。设计师按照一定的形式将其铺于室外空间的地面上，一方面建成永久的地表，另一方面也符合设计的目的。

任务一　铺装材料的功能

铺装材料的功能如下：

（1）提供高频率的使用，具有耐损、防滑、防尘排水、容易管理的性能。

（2）导向性作用，通过地面铺装暗示流线方向感，引导人们到达目的地，达到导向性作用和起到警示、指示等功能。

（3）便于人的交通和活动，指示地面的用途，为人们提供休息的场所。

（4）对空间比例的影响，构成空间个性。

（5）背景作用、统一作用，服务于整体环境。

（6）装饰性的地面景观可创造视觉美感，铺装材料质感的变化也可让人领略到一种韵律和节奏，使人在游览过程中不至于乏味。

任务二　地面铺装的设计原则

（1）注重铺装材料的细部设计，以确保整个设计统一为原则。材料的过多变化或图案的烦琐复杂，易造成视觉的杂乱无章。在设计中，应有至少一种铺装材料占有主导地位，以便能与附属的材料在视觉上形成对比和变化，并暗示地面上的其他用途。这一种占主导地位的材料，还可贯穿于整个设计的不同区域，以建立统一性和多样性（图5.6.2.1）。

例如，同颜色的地砖与预制水泥块形成的方形图案，以几何体的纹样，突出路面的远近透视；黑色花岗石的铺地，以白色线条来打破沉闷的感觉，如图5.6.2.2和图5.6.2.3所示。

图5.6.2.1 步行道图案突出水的主题

图5.6.2.2 广场铺装

图5.6.2.3 黑色花岗石铺地

（2）在进行铺装的选择时，在平面布局上，应着重注意构成吸引视线的形式，及与其他设计要素的相互联系，如邻近的铺地材料、建筑物、树池、照明设施、雨水口、围墙和坐凳。安放在一起的相邻的两种铺装，其铺装形式和造型图案应相互配合和协调。可设置地面伸缩缝和混凝土伸缩缝，或条石和瓷砖材料的接缝、灰浆接缝。当园林景观设计中要将两种以上的铺地材料相衔接时要注意，尽量不要锐角相交。大面积的铺地相交时，宜采用第三种材料进行过渡和衔接（图5.6.2.4）。

图5.6.2.4 片石铺地广场

（3）材料质感可以影响空间的比例效果，例如水泥砌块和大面积的石料适合用在较宽的道路和广场，尺度较小的地砖铺地和卵石铺地比较适合铺在尺度较小的路或空地上。铺地质感的变化可以增加铺地的层次感，比如在尺度较大的空地上采用单调的水泥铺地，在道路旁采用局部的卵石铺地或者砖铺地，可以丰富路面层次。除此之外，铺装的质感也可以暗示人所处的位置，以景观道路的铺装来表示道路的不同性质、用途和区域（图5.6.2.5）。很多广场采取放射性的弧形地砖，让人一进入这一区域就知道自己在广场中的位置。块料大小、形状，除了要与环境、空间相协调之外，还要适合于自由曲折的线型铺砌，这是施工便捷的关键。路面材料要粗细适度，粗要可行儿童车，穿高跟鞋行走；细不致雨天滑倒跌伤。块料尺寸与路面宽度相协调，使用不同材质块料拼砌，色彩、质感、形状等的对比要强烈，如地下车库屋顶不同的铺装材料与色彩要强调不同的功能分区。

图5.6.2.5　庭园活动区木质平台

（4）设计者要充分了解这些铺装材料的特点，利用它们形成各具特色的空间，增加场所感和特色感。例如，大面积的石材让人感到庄严肃穆，清水砖铺地使人感到温馨亲切，石板路给人一种清新自然的感觉，水泥铺地纯净冷漠，卵石铺地富于情趣。多采用自然材质块料，接近自然、朴实无华、价廉物美、经久耐用，旧料、废料也可利用为宝。日本有种路面是散铺粗砂，我国过去也有煤屑路面。碎大理石花岗石板也开始广泛使用，石屑更是常用填料。如今拆房的旧砖瓦，也是铺设传统园路的好材料（图5.6.2.6和图5.6.2.7）。

图5.6.2.6　特色铺装

图5.6.2.7　石材铺装

（5）避开地面硬质铺装的缺点，例如在阳光下

其反射率比草皮高，夏天大面积的硬质铺装会使地面温度明显高于铺有草皮的地面。铺装要便于人们行动，特别是设计者倡导的行动。另外，不要大量使用表面过于光滑的地面铺装，因为落在上面的雨水和冰雪极易使人滑倒，特别是对老年人来说，在这样的道路上行走，随时都有摔倒受伤的危险。铺装的质感和表面纹理对于行人的行走感觉有直接的影响，好的地面铺装应该是走在上面既舒适又有安全感，应该是"人性化"的设计（图5.6.2.8至图5.6.2.10）。

图5.6.2.8　木质露台

图5.6.2.9　卵石拼花步道

图5.6.2.10 料石汀步自然美感

（6）符合绿地生态要求，可透气渗水，有利于树木的生长，同时减少沟渠外排水，增加地下水补充（图5.6.2.11和图5.6.2.12）。

图5.6.2.11 连锁式草皮砌块路面

图5.6.2.12 透水砖路面

广场内同一空间，道路采用相同走向和样式为宜。这样不同地方不同的铺砌可组成一个整体，达到统一中求变化的目的。一种类型的铺装可用不同大小、材质和拼装方式的块料组成。例如，主要干道、交通性强的地方，要牢固、平坦、防滑、耐磨，线条简洁大方，便于施工和管理。如用同一种石料，可变化大小或拼砌方法。抓住小径所在的空间其他景观要素的特征，以创造出富于特色的铺装（图5.6.2.13）。

图5.6.2.13 卵石与不同色彩的洗石子地面铺装形成的图案

任务三 铺装分类及常用的铺装材料和做法

一、铺装分类

1. 高级铺装

高级铺装常用于公路路面的铺装，适用于交通量大且多重型车辆通行的道路（大型车辆的每日单向交通量达250辆以上）。

2. 简易铺装

简易铺装适用于交通量小、几乎无大型车辆通过的道路。此类路面通常用于市内道路铺装。

3. 轻型铺装

轻型铺装用于机动车交通量小的园路、人行道、广场等的地面。设计概预算标准可依据一般道路断面结构设计。此类铺装中除沥青路面外，还有嵌锁形砌块路面、花砖铺面路面、木栈道、塑胶路面。

二、常用的铺装做法和材料

1. 沥青路面

沥青路面的特点是成本低，施工较为简单，缺点是坚固性不够，须经常维护，常用于车道、人行道、停车场的路面铺装，有沥青混凝土、透水性沥青、彩色沥青等多个品种。一般做法是底层用砂土和碎石铺满，在碎石上浇灌沥青或沥青混凝土。

2. 混凝土铺装

混凝土铺装：此类路面因其造价低、施工性好，常用于铺装园路、自行车停放场。其表面处理除铁抹子抹平、木抹子抹平、刷子拉毛外，还有简单清理表面灰渣的水洗石饰面和铺石着色饰面等方法。缺点是缺乏质感、较为单调，并且要设置变形缝。 一般的混凝土道路，其纵缝间距为3~4.5 m，横缩缝间距5 m，横胀缝间距20 m左右。一般底层铺碎石，再浇灌混凝土，表面用铁抹子找平。变形缝可用发泡树脂接缝材料。

3. 卵石嵌砌路面

这类路面可用在使用频率不是很高的人行道，做法是在混凝土层上铺20 mm厚的砂浆，然后平整嵌砌卵石，最后用刷子将水泥浆整平，如果乱石颗粒较小，也可待混凝土凝固24~48小时后，用刷子将其表面刷光，再用水冲刷，直至卵石均匀露出，叫作洗石子（图5.6.3.1至图5.6.3.3）。

图5.6.3.1 卵石嵌砌路面（一）

图5.6.3.2 卵石嵌砌路面（二）

图5.6.3.3 不同粒径洗石子的地面铺装

4. 预制砌块

预制砌块具有防滑、步行舒适、施工简单、修整容易和价格低廉等优点，常被用作人行道、广场、车道等多种场所的路面，而且由于其色彩和样式丰富，有助于形成特殊的风格。路基层的结构：基底层为末筛碎石或级配碎石，其上铺设透水层，再铺筑粗砂，最后铺装嵌锁形预制砌块。以往此种路面中不铺设透水层，但为确保道路的平整度，还应采用透水层。嵌锁形预制砌块路面用于坡道铺装，可用干拌砂浆勾缝防漏砂。在难收口的边缘转角处，可在混凝土中掺入与嵌锁形预制砌块相同的颜料勾缝，避免接缝醒目。与草皮等绿地衔接时，为不使路缘过于醒目，常使用合成树脂制作棱线（图5.6.3.4和图5.6.3.5）。

图5.6.3.4　彩色透水砖铺地

图5.6.3.5　硬质铺装

5. 石材铺装

石材铺装指的是在混凝土垫层上再铺砌15~40 mm厚的天然石料形成的路面。其利用天然石不同的品质、颜色、石料饰面及铺砌方法组合出多种形式。因其能够营造一种有质感、沉稳的氛围，常用于建筑物入口、广场、大型游廊式购物中心的路面铺装。室外石料铺装路面常用的天然石有花岗石、玄武石等板岩（石板）、石英岩等。石材铺砌路面的铺砌方法有多种，如方形铺砌、不规则铺砌等。这种材料坚固耐用，但一般造价较高（图5.6.3.6）。

图5.6.3.6　石材铺装

6. 砖砌铺装砖

砖砌铺装砖是人造的，由黏土或陶土经过烧制而成，常用于铺设人行道和广场，比较有人情味，并且可以通过砌筑方法形成各种不同的纹理效果。地面勾缝采用砂土或砂浆填缝。而铺砌的接缝也有多种，如垂通缝、骑马缝（也称砌缝）、方格式地缝、席缝等（图5.6.3.7和图5.6.3.8）。

图5.6.3.7　砖砌铺装砖（一）

图5.6.3.8　砖砌铺装砖（二）

7. 弹性材料铺装

在历史和环境保护区域、滨水地段及某些台面可以设置专用木栈道，而在室外散步道路、运动场和儿童活动场地则可选择铺设色彩鲜明、弹性耐磨的多种塑胶材料（图5.6.3.9和图5.6.3.10）。

图5.6.3.9　木栈道

图5.6.3.10　塑胶材料铺装

项目七　水体设计分析

任务一　水景形式

因山而有势，因水而显灵。水是园林景观设计中最有"灵性"的元素。喜水是人类的天性。水体设计是园林景观设计的重点和难点，也是点睛之笔。水的形态多种多样，或平缓或跌荡，或喧闹或静谧，淙淙水声也令人心旷神怡。景物在水中产生的倒影色彩斑驳，有极强的观赏性。水还可以用来调节空气湿度和遏制噪声的传播（图5.7.1.1和图5.7.1.2）。

图5.7.1.1　跌水

图5.7.1.2　池水

静有安详，动有灵性。水景形式分为自然水景和人工水景两类。东方和西方景观设计都很重视水景的利用和创造。江南古典园林以小巧曲折的水面创造空间，英国自然风景园林水面自然不事雕琢，法国几何图案园林人工造景精致有序，日本枯山水用水纹状白沙创造意境。

一、自然水景

自然水景与海、河、江、湖、溪相关联。这类水景设计必须遵从原有自然生态景观、自然水景线与局部环境水体的空间关系，正确利用借景、对景等手法，充分发挥自然条件，形成的纵向景观、横向景观和鸟瞰景观应能融合居住区内部和外部的景观元素，创造出新的亲水居住形态（图5.7.1.3）。

图5.7.1.3　自然水景

二、人工水景

人工水景设计要求根据空间的不同，采取多种手法进行引水造景，如静水、溪流、瀑布、喷泉、涉水池等，在场地中有自然水体的景观要保留利用，进行综合设计，使自然水体与人工水景融为一体。水景设计要借助水的动态效果营造充满活力的居住氛围，其中人工水景根据运动的特征，又分为跌落的瀑布性水景、流淌的溪流性水景、静止的池塘性水景和喷射的喷泉式水景，还出现了很多新颖形式的水景。

1. 瀑布跌水

（1）瀑布按其跌落形式分为滑落式、阶梯式、幕布式、丝带式等多种，并模仿自然景观，采用天然石材或仿石材（如景石、分流石、承瀑石等）设置瀑布的背景，引导水的流向。考虑到观赏效果，不宜采用平整饰面的白色花岗石作为落水墙体。为了确保瀑布沿墙体、山体平稳滑落，应对落水口处山石作卷边处理，或对墙面作坡面处理（图5.7.1.4）。

图5.7.1.4　瀑布跌水

（2）瀑布因其水量不同和落差的大小，会产生不同的视觉、听觉效果，因此，落水口的水流量和落水高差的控制成为设计的关键，居住区内的人工瀑布落差宜在1m以下。

（3）跌水是呈阶梯式的多级跌落瀑布，其梯级宽高比宜在3∶2~1∶1之间，梯面宽度宜在0.3~1.0 m之间。

2. 溪流

（1）溪流的形态应根据环境条件、水量、流速、水深、水面宽度和所用材料进行合理的设计。溪流分可涉入式和不可涉入式两种。可涉入式溪流的水深应小于0.3m，以防止儿童溺水，同时水底应做防滑处理。可供儿童嬉水的溪流，应安装水循环和过滤装置。不可涉入式溪流宜种养适应当地气候条件的水生动植物，以增强观赏性和趣味性。

（2）溪流配以山石可充分展现其自然风格，水坡设计时要考虑坡面材料的质感。光滑材料质感细腻，水层清澈，质感粗糙的坡面会激起薄薄的细碎白沫层，波光粼粼。

（3）溪流的坡度应根据地理条件及排水要求而定。普通溪流的坡度宜为0.5%，急流处为3%左右，缓流处不超过1%。溪流宽度宜在1~2 m，水深一般为0.3~1 m，超过0.4 m时，应在溪流边采取防护措施（如石栏、木栏、矮墙等）。为了使居住区内环境景观在视野上更为开阔，可适当增大宽度或使溪流蜿蜒曲折。溪流水岸宜采用散石和块石，并与水生或湿地植物的配置相结合，减少人工造景的痕迹（图5.7.1.5）。

图5.7.1.5 溪流

3. 生态水池和涉水池

生态水池是指适于水下动植物生长，同时能美化环境、调节小气候、供人观赏的水景。居住区里的生态水池多饲养观赏鱼虫和习水性植物（如鱼草、芦苇、荷花、莲花等），营造动物和植物互生互养的生态环境（图5.7.1.6）。

图5.7.1.6 生态水池

水池的深度应根据饲养鱼的种类、数量和水草在水下生存的深度而确定。一般在0.3~1.5 m，为了防止陆上动物的侵扰，池边平面与水面需保证有0.15 m的高差。水池壁与池底需平整以免伤鱼。池壁与池底以深色为宜。不足0.3 m的浅水池，池底可做艺术处理，以显示水的清澈透明。池底与池畔宜设隔水层，池底隔水层上覆盖0.3~0.5 m厚土，种植水草。

涉水池可分水面下涉水和水面上涉水两种。水面下涉水主要用于儿童嬉水，其深度不得超过0.3 m，池底必须进行防滑处理，不能种植苔藻类植物。水面上涉水主要用于跨越水面，应设置安全可靠的踏步平台和踏步石（汀步），面积不小于0.4 m×0.4 m，并满足连续跨越的要求。上述两种涉水方式应设水质过滤装置，保持水的清洁，以防儿童误饮池水（图5.7.1.7）。

图5.7.1.7 水面下涉水

4. 泳池水景

泳池水景设计以静为主，目的是营造一个让居住者在心理和体能上放松的环境，同时突出人的参与性特征（如游泳池、水上乐园、海滨浴场等）。居住区内设置的露天泳池不仅是锻炼身体和游乐的场所，也是邻里之间的重要交往场所。泳池和水面的造型也极具观赏价值（图5.7.1.8）。

图5.7.1.8 泳池水景

居住区泳池设计必须符合游泳池设计的相关规定。泳池平面不宜设计成正规比赛用池，池边尽可能采用优美的曲线，以加强水的动感。泳池根据功能需要尽可能分为儿童泳池和成人泳池，儿童泳池深度以0.6~0.9 m为宜，成人泳池为1.2~2 m。儿童池与成人池可统一设计，一般将儿童池放在较高位置，水经阶梯式或斜坡式跌水流入成人泳池，既保证了安全，又可丰富泳池的造型。

泳池周围可种一些灌木和乔木，并提供休息和遮阳设施，有条件的小区可设计更衣室和供野餐的设备及区域。

人工海滩浅水池主要目的是让人享受日光浴。池底基层上多铺白色细砂，坡度由浅至深，一般为0.2~0.6 m，驳岸需做成缓坡，以木桩固定细砂，水池附近应设计冲砂池，以便于更衣。

5. 观赏水景

观赏水景是通过人工对水流的控制，使水流展现排列、疏密、粗细、高低、大小、时间差等艺术效果，并借助音乐和灯光的变化产生视觉上的冲击，进一步展示水体的活力和动态美。其中，喷泉是重要的观赏水景之一，构成环境景观的中心，并满足人的亲水要求。

喷泉是完全靠设备制造出的水，对水的射流控制是关键环节，采用不同的手法进行组合，能使其呈现多姿多彩的变化形态（图5.7.1.9）。

喷泉景观可分为音乐喷泉、喷雾喷泉、旱喷泉、程序控制喷泉等类型。

光和水的相互作用是水景景观的精华，倒影池就是利用光在水面形成的倒影，扩大视觉空间，丰富景物的空间层次，增加景观的美感。倒影池极具装饰性，无论水池大小都能产生特殊的借景效果，花草、树木、小品、岩石前都可设置倒影池（图5.7.1.10）。

倒影池的设计首先要保证池水一直处于平静状态，尽可能避免风的干扰。其次是池底要尽可能采用黑色和深绿色材料铺装（如黑色塑料、沥青胶泥、黑色面砖等），以增强水的镜面效果。

图5.7.1.9　喷泉

图5.7.1.10　倒影池

6. 亲水驳岸

亲水驳岸设施以亲水性规划设计为出发点和切入点，根据人们的亲水活动类型及其对于这些活动的行为及心理感受的分析来组织滨水区的规划设计。

驳岸是亲水景观中应重点处理的部位。驳岸与水线形成的连续景观是否能与环境相协调，不但取决于驳岸与水面间的高差关系，还取决于驳岸的类型及材质的选择。驳岸类型如表5.7.1.1所示。

对于居住区中的沿水驳岸（池岸），无论规模大小，无论是规则几何式驳岸（池岸）还是不规则驳岸

表5.7.1.1　驳岸类型

序号	驳岸类型	材质选用
1	普通驳岸	砌块（砖、石、混凝土）
2	缓坡驳岸	砌块，砌石（卵石、块石），人工海滩沙石
3	带河岸裙墙的驳岸	边框式绿化，木桩锚固卵石
4	阶梯驳岸	踏步砌块，仿木阶梯
5	带平台的驳岸	石砌平台
6	缓坡、阶梯复合驳岸	阶梯砌石，缓坡种植保护

（池岸），驳岸的高度、水的深浅设计都应满足人的亲水性要求。驳岸（池岸）要尽可能贴近水面，以人手能触摸到水为宜。亲水环境中的其他设施（如水上平台、汀步、栈桥、栏索等），也应以人与水体的尺度关系为基准进行设计。

任务二　水景设计要点

水景根据功能还可分为观赏类水景和嬉水类水景（图5.7.2.1）。

图5.7.2.1　莱德利斯堡新城市空间水景设计

水体设计要考虑以下几点：
（1）水景设计要满足景观功能。
（2）水景设计要和地面排水结合。
（3）管线和设施的隐蔽性设计。
（4）防水层和防潮性设计。
（5）与灯光照明相结合。
（6）寒冷地区要考虑结冰防冻。

项目八　建筑小品设计分析

在环境设计中，若仅使用地形、植物、建筑以及各种铺装等要素，并不能完全满足景观设计所需要的全部视觉和功能要求。一位优秀的风景园林师还应知道如何利用其他有形的设计要素，如园林基本构筑物。所谓园林构筑物，是指景观中那些具有三维空间的构筑要素。这些构筑物能在由地形、植物及建筑物等共同构成的较大间范围内，完成特殊的功能。园林构筑物在外部环境中一般具有坚硬性、稳定性及相对长久性，根据对营造景观所起的不同作用，构筑物可大致分为以下两类：

（1）风景游览建筑。大部分建筑小品都属此类，一般都具有一定的使用功能，如亭、廊、榭、舫、楼、阁、厅、堂、轩、斋、殿、馆等。

（2）庭园建筑小品。凡是能够围合成为庭院空间而形成独立或相对独立的庭园的建筑物均属此类，如空廊、隔墙、景架、公共艺术雕塑等栅栏及园林景观设施小品等。

任务一　风景游览建筑

一、园亭

1. 功能

景观园亭有休息、纳凉、避雨、点景、观景的作用，如图5.8.1.1至图5.8.1.5所示。

图5.8.1.1 四角亭

图5.8.1.2 平顶式亭

图5.8.1.3 西式亭

图5.8.1.4 廊亭

图5.8.1.5 群亭

2. 造型与体量

在景观设计中，园亭应设计得小而集中。

3. 平面形状

景观园亭有单体式、组合式、与廊墙相结合的平面形式，按平面形状有正多边形亭、圆亭、蘑菇亭、伞亭、长方形亭、圭角形亭、扁八角形亭、扇面形亭、三角形亭、组合式亭、平顶式亭等，与墙、廊、屋、石壁等结合的形式。

4. 风格

景观园亭按风格分为南方亭、北方亭、西式亭、现代风格亭等。

5. 亭的形式和特点

亭的形式和特点如表5.8.1.1所示。

表5.8.1.1　亭的形式和特点

亭的形式	特　　点
山亭	设置在山顶和人造假山石上，多属于标志性亭
靠山半亭	靠山体、假山建造，显露半个亭身，多用于中式园林
靠墙半亭	靠墙体建造，显露半个亭身，多用于中式园林
桥亭	建在桥中部或桥头，具有遮风避雨和观赏功能
廊亭	与廊连接的亭，形成连续景观的节点
群亭	由多个亭有机组成，具有一定的体量和韵律
纪念亭	具有特定意义和誉名
凉亭	以木制、竹制或其他轻质材料建造，多用于盘结悬垂类蔓生植物，也常作为外部空间通道使用

二、园廊

1. 功能

景观园廊有避风、避雨、联系交通、划分空间和组织景观序列的作用。它是虚的建筑物，随型而弯，依势而曲。园廊的布局形式比较自由，且有很强的导向性（图5.8.1.6至图5.8.1.10）。

2. 造型与体量

园廊造型有双面空廊、单面空廊、复廊、双层廊、楼廊、单支柱式廊等，其设计应小而集中。

3. 分类

从总体造型及其地形环境结合的角度来看，园廊有直廊、曲廊、回廊、爬山廊、叠落廊、水廊、桥廊、西式廊、构架廊、候车廊等类型。

4. 选址

根据其选址，园廊分为桥廊、水边建廊、平地建廊、山地建廊等。

图5.8.1.7　水边廊

图5.8.1.8　景窗

图5.8.1.6　玻璃廊

图5.8.1.9　构架廊

图5.8.1.10 特色构架

在现代城市中，亭廊是活动较为集中的场所，特别是老年人和儿童聚集的场所。老年人在这里打扑克、下象棋、聊天、晒太阳，儿童在这里玩耍、捉迷藏，亭廊成为小环境布局的中心。有的亭廊和爬藤结合形成花廊，使亭廊建筑完全掩映在绿色之中，成为自然景观的一部分。亭廊除了有遮风避雨的作用外，还具有揭示环境特色、传达信息、空间过渡等功能。亭廊的设计要结合所处的环境，其形象、色彩、材料在满足使用功能的前提下应做到美观，符合人们的心理需求。

任务二　庭园建筑小品

庭园建筑小品主要包括雕塑小品、挡土墙、棚架和围墙、坡道、台阶及其他一些园林景观设施等。

一、棚架和围墙

1. 棚架

棚架的作用如下：

（1）供人歇足休息、观赏风景，在园林布局中如长廊一般，有划分、组织空间和引导视线的作用。

（2）创造了爬蔓植物生长的生物学条件。

（3）棚架顶部由植物覆盖而产生庇护作用，同时可减少太阳对人的热辐射。有遮雨功能的棚架，可局部采用玻璃和透光塑料覆盖。

棚架形式可分为门式、悬臂式和组合式。棚架高宜为2.2~2.5 m，宽宜为2.5~4 m，长度宜为5~10 m，立柱间距宜为2.4~2.7 m。

棚架是建筑物和绿化植物的一体化，因其作用主要是承载藤本植物，应着重考虑植物覆盖后的整体景观效果及其与周边景物的空间层次关系。棚架下应设置供休息用的椅凳。

棚架制作时多用混凝土、竹、木、金属等材料，采用竹、木制作时要注意其耐久性，表现形式有单柱双边悬挑棚架、单柱单边悬挑棚架、双柱棚架等。

2. 围墙

景观围墙有两种类型，一种是作为景观周边、生活区的分隔围墙，一种是园内划分空间、组织景观、引导路线设置的围墙。

在中国传统园林中，经常见到的是分隔围墙。现在多用绿化取代围墙，达到隔离城市、接近自然的目的。其处于绿地之中，成为园景的一部分，减少与人的接触机会。由围墙向景墙转化，善于把空间的分隔与景色的渗透联系统一起来，有而似无，有而生情。

围墙构造材料有竹木、砖、混凝土和金属。

竹木围墙称为活的围墙（篱），砖墙间距3~4 m，中开各式漏花窗，具有节约又施工简易的特点。

混凝土围墙一是以预制花格砖砌墙，花型高，有变化，但易爬越；二是将混凝土预制成片状，可透景。混凝土墙的优点是一劳永逸，缺点是不够通透，2~3年要油漆围墙。围墙以型钢为材，断面有几种，表面光洁，性韧易弯不易折断；以铸铁为材，可做各种花型，优点是不易锈蚀且价格不高，缺点是性脆且光滑度不够。此外，还有各种金属网材，如镀锌网、镀塑铅网、不锈钢网等。现在常把几种材料结合起来应用，取其长而补其短。混凝土往往用来做墙，取型钢作为透空部分框架，用铸铁作为花饰构件，局部、细微处用锻铁、铸铝。围墙物长度方向要按要求设置伸缩缝，按转折和门位布置柱位，调整园地面标高变化的则关系到围墙的强度，影响用料的大小。利用砖、混凝土围墙的平面凹凸、金属围墙构造错位实际上等于加大围墙横向断面的尺寸，可以免去墙柱，使围墙更自然通透。

二、膜结构

张拉膜结构由于其材料的特殊性，能塑造出轻巧多变、优雅飘逸的建筑形态。其可作为标志建筑，应用于居住区的入口与广场上；可作为遮阳庇护建筑，应用于露天平台、水池区域；还可作为建筑小品，应用于绿地中心、河湖附近及休闲场所。联体膜结构可模拟风帆、海浪形成起伏的建筑轮廓线。

居住区内的膜结构设计应适应周围环境空间的要求，不宜做得过于夸张，位置选择需避开消防通道。膜结构的悬索拉线埋点要隐蔽并远离人流活动区。

必须重视膜结构的前景和背景设计。膜结构一般为银白反光色，醒目鲜明，因此要以蓝天、较高的绿树等建筑物为背景，形成较强烈的对比。前景要留出较开阔的场地，并设计水面，突出其倒影效果，如结合泛光照明，可营造出富于想象力的夜景。

三、挡土墙

挡土墙根据建设用地的实际情况，经过结构设计确定。从结构形式上分为重力式、半重力式、悬臂式和扶臂式挡土墙，从形态上分为直墙式和坡面式（图5.8.2.1和图5.8.2.2）。

图5.8.2.1　特色挡土墙（一）

图5.8.2.2　特色挡土墙（二）

挡土墙的外观质感由用材确定，它会直接影响挡墙的景观效果。毛石和条石砌筑的挡土墙要注重砌缝的交错排列方式和宽度，预制混凝土预制块挡土墙应设计出图案效果。嵌草皮的坡面上需铺上一定厚度的种植土，并加入改善土壤保温性的材料，以利于草根系植物的生长。

挡土墙必须设置排水孔。一般为每3.2 m设一个直径为75 mm的排水孔，墙内宜敷设渗水管，防止墙体内存水。钢筋混凝土挡土墙必须设伸缩缝，配筋墙体每30 m设一道，无筋墙体每10 m设一道。

四、栏杆和扶手

栏杆具有拦阻功能，主要起到隔离和美化的作用。其设计应结合不同的使用场所，首先要充分考虑栏杆的强度、稳定性和耐久性，其次要考虑栏杆的造型美，突出其功能性和装饰性。

栏杆常用材料有砖、石材、铸铁、铝合金、不锈钢、木材、竹子、混凝土、仿石材、陶瓷等。木质栏杆应使用防腐处理的木材。

栏杆大致分为以下三种：

（1）矮栏杆，高度为30~40 cm，不妨碍视线，多用于花坛、小水池、草坪边、绿地边缘，也用于场地空间领域的划分。

（2）高栏杆，高度在90 cm左右，有较强的分隔与拦阻作用。

（3）防护栏杆，高度在100~120 cm以上，超过人的重心，以起防护围挡作用。一般设置在高台的边缘，可使人产生安全感。

扶手一般设置在坡道、台阶两侧，高度为90 cm左右。室外踏步级数超过3级时必须设置扶手，以方便老人和残障人使用。供轮椅使用的坡道应设高度为0.65 m与0.85 m两道扶手。

五、围栏

围栏具有限入、防护、分界等多种作用，立面构造多为栅状和网状、透空和半透空等几种形式（图5.8.2.3和图5.8.2.4）。围栏一般采用铁制、钢制、木制、合金制、竹制等。围栏竖杆的间距不宜大于110 mm。

图5.8.2.3　特色围栏（一）

图5.8.2.4　特色围栏（二）

六、台阶和坡道

1. 台阶

台阶在园林设计中起到不同高程之间的连接作用和引导视线的作用，可丰富空间的层次感，尤其是高差较大的台阶，会形成不同的近景和远景效果，在外部空间构成醒目的地平线。

台阶的踏步高度（h）和宽度（b）是决定台阶舒适性的主要参数，一般室外踏步高度设计为120~160 mm，踏步宽度为300~350 mm。小于10 cm的高差不宜设置台阶，可以考虑做成坡道。

台阶长度超过3 m或需改变攀登方向的地方，应在中间设置休息平台，平台宽度应大于1.2 m，因为平台和台阶的结合不但影响视觉上的节奏感和韵律感，也为地形提出了观赏位置的要求。台阶坡度一般控制在1/4~1/7范围内，踏面应做防滑处理，并保持1%的排水坡度。一组台阶的高度要一致，在踏步高度的底部用阴影线，可以提醒行人注意。另外台阶的数量也要控制，一组台阶至少需要2~3个踏步。

为了方便人们晚间行走，台阶附近应设照明装

置，人员集中的场所可在台阶踏步上安装地灯。过水台阶和跌流台阶的阶高可依据水流效果确定，同时也要考虑儿童进入时的防滑处理（图5.8.2.5至图5.8.2.7）。

图5.8.2.5　台阶花钵

图5.8.2.6　花钵

图5.8.2.7　台阶

2. 坡道

坡道是交通和绿化系统中重要的设计元素之一，无障碍坡道一方面可为残疾人士提供方便，满足人性化设计要求，完善社会功能；另一方面，联系上下不同高差地段的坡道，是行人在地面上进行高度转化的重要方式，直接影响行人的使用和感官效果。结合台阶、植土护坡的合理布置，坡道丰富了风光带的平面及立面效果。

园路、人行道坡道宽一般为1.2 m，但考虑到轮椅的通行，可设定为1.5 m以上，有轮椅交错的地方，其宽度应达到1.8 m。坡度要求：居住区道路最大纵坡不应大于8%；园路不应大于4%；自行车专用道路最大纵坡控制在5%以内；轮椅坡道一般为6%，最大不超过8.5%，并采用防滑路面；人行道纵坡不宜大于2.5%。

七、种植容器

1. 花盆

（1）花盆是景观设计中一种传统的种植器形式。花盆具有可移动性和可组合性，能巧妙地点缀环境，烘托气氛。花盆的尺寸应适合所栽种植物的生长特性，有利于根茎的发育，一般可按以下标准选择：花草类盆深20 cm以上，灌木类盆深40 cm以上，中木类盆深45 cm以上。

（2）花盆用材应具备有一定的吸水保温能力，不易引起盆内过热和干燥。花盆可独立摆放，也可成套摆放，采用模数化设计能够使单体组合成整体，形成大花坛。

（3）花盆用栽培土，应具有保湿性、渗水性和蓄肥性，其上部可铺撒树皮屑作覆盖层，起到保湿和装饰作用。

2. 树池/树池箅

（1）树池是树木移植时根球（根钵）的所需空间，一般由树高、树径、根系的大小所决定。树池深度至少深于树根球以下250 mm。

（2）树池箅是树木根部的保护装置，它既可保护树木根部免受践踏，又便于雨水的渗透和保证行人的安全。树池箅应选择能渗水的石材、卵石、砾石等天然材料，也可选择具有图案拼装的人工预制材料，如铸铁。

八、大门与入口

1. 概述

大门出入口主要功能有交通集散、人流疏导、门卫管理及小型服务，是联系景区、园内与园外的交通枢纽和节点，是由一个空间过渡到另一个空间的转折和强调，是景区、园内景观和空间序列的起始，在整个环境中起着十分重要的作用。不同的出入口设计，往往能体现出不同类型景区的特色，让人对景区有第一印象，引发游人对景区的兴趣，诱使游人对这个景区进行游览。因此，出入口是现代园林设计的一个要素，有着十分重要的地位。

（1）功能。

①标志出园林的出入口、等级和特点。

②控制、引导游人和车辆的出入与集散。

③成为景区环境的代表和象征。

④以自身的优美造型构成景区中的一景。

⑤大型景区的入口可以作为不同区域的分界点。

（2）基本组成：大门主体建筑、售票、收票、门卫管理、小型服务用房以及公共卫生间等。室外空间上有大门内外广场，游人、车辆出入口，游人休息等候空间，停车场以及必要的装饰性小品等。

（3）大门与入口性质类别：

①纪念性公园大门：纪念性的大门一般采取对称的构图手法。此类大门具有庄严、肃穆的性格。

②游览性公园大门：一般采取非对称的构图手法或曲线造型，以求达到轻松活泼的艺术效果。

③专业性公园大门：专业性公园大门如能结合园区专业特性考虑则更具个性和特色，如动物园、植物园、儿童公园、盆景园和花圃。

④风景区入口：以特有的形象表现景点的性质、内容与特征。

2. 总体布置

（1）大门与入口位置选择要考虑园林、小区的性质、规模、环境、道路及客流量、流向等，并且应使行人方便入园。还要考虑以下因素的影响：

①不同形状园址对园林大门位置选择的影响。

②城市主、次干道对园林大门出入口位置选择的影响。

③城市主干道、过境干道对园林大门出入口位置选择的影响。

④城市干道一侧。

（2）出入口的车流、人流组织。根据人流、车流的流量大小及使用程度分为：

①人流、车流的流量不大，均在门卫一侧。

②人流较多、车流较小，均在门卫一侧。

③车流较多，分开在门卫两侧。

④规模较大、车流较多、进出口不在一起，车流进出分开。

（3）空间处理。

①门外广场空间：售票、围墙、停车、商业。

②门内序幕空间：用照壁、墙来构造约束性空间；用大纵深来打造开敞性空间。

（4）车辆停放。

（5）绿化。

3. 大门与入口的构成形式

（1）大门的形式分类：

①门、山门式。

②牌坊式。按开间、结构、造型分类，有门楼式、冲天柱式，也有单列柱和双列柱构架。

③阙式。由古代石阙演化而来。

④柱式。主要由独立柱和铁门组成，与阙式的共同点是门座一般独立，其上方没有横向构件，区别在于柱式门比较细长。

⑤顶盖式。其样式有坡屋顶、平顶、拱顶和摺板顶等。

（2）景点入口的构成分类：

①用小品建筑构成入口。

②利用原山石或模拟自然山门构成入口。

③用石筑门构成入口。

④以自然山石，结合山亭、廊、台构成入口，由古代石阙演化而来。

⑤亭台结合古木构成入口。

4. 大门建筑形象

大门建筑形象设计要考虑以下方面：

（1）建筑与环境的对比和协调。

（2）大门与入口建筑的尺度。

（3）空间景象组织。

（4）细部处理。

（5）风格。

景观园区入口的空间形态应具有一定的开敞性，入口标志性造型（如门廊、门架、门柱、门洞等）应与景观园区整体环境及建筑风格相协调。应根据景观园区规模和周围环境特点确定入口标志造型的体量尺度，达到新颖简单、轻巧美观的要求。同时要考虑与保安值班等用房的形体关系，构成景观的有机组合。

住宅单元入口是住宅区内体现院落特色的重要部位，入口造型设计（如门头、门廊、连接单元之间的连廊）除了有功能要求外，还要突出装饰性和可识别性。要考虑安防、照明设备的位置和与无障碍坡道之间的相互关系，达到色彩和材质上的统一。所用建筑材料应具有易清洗、不易碰损等特性。总的来说，入口大门设计要从整体出发，切合用地的性质和内容，既要和局部环境配合，也要注意在同一景区内，特别是同一游览线上各个景点入口处理的统一性，且造型新颖（图5.8.2.8）。

图5.8.2.8　清华大学入口大门

九、公共雕塑小品

城市空间中，从构成要素的角度来看，雕塑与建筑、树、水、装饰物相同，是都市构成的一种要素，它与周围环境共同塑造出一个完整的视觉形象，同时为景观空间环境带来生气，揭示主题。雕塑通常以其小巧的格局、精美的造型来点缀空间，使空间诱人而富于意境，从而提高整体环境景观的艺术境界（图5.8.2.9和图5.8.2.10）。

图5.8.2.9 花钵

图5.8.2.10 景桥

雕塑按使用功能分为纪念性雕塑、主题性雕塑、功能性雕塑与装饰性雕塑等。从表现形式上可分为具象雕塑和抽象雕塑，动态雕塑和静态雕塑等。雕塑应配合景观园区内建筑、道路、绿化及其他公共服务设施而设置，起到点缀、装饰和丰富景观的作用。在特殊场合的中心广场或主要公共建筑区域，可考虑设置主题性或纪念性雕塑（图5.8.2.11和图5.8.2.12）。

雕塑在布局上一定要注意与周围环境的关系，恰如其分地确定雕塑的材质、色彩、体量、尺度、题材、位置等，展示其整体美、协调美。雕塑的材料必须选择稳定性和耐腐蚀性材料，如大理石、花岗石、混凝土、石材。

图5.8.2.11 广场雕塑

图5.8.2.12 标志性雕塑

十、景观桥和木栈道

1. 景观桥

（1）桥在自然水景和人工水景中都起到不可缺少的作用，其功能作用主要有：形成交通跨越点；横向分割河流和水面空间；形成地区标志物和视线集合点，并可作为眺望河流和水面的良好观景场所。其独特的造型具有自身的艺术价值。

（2）景观桥分为钢制桥、混凝土桥、拱桥、原木桥、锯材木桥、仿木桥、吊桥等。居住区一般采用木桥、仿木桥和石拱桥为主，体量不宜过大，应追求自然简洁，精工细做。

2. 木栈道

（1）邻水木栈道为人们提供了行走、休息、观景和交流的多功能场所。由于木板材料具有一定的弹性和粗朴的质感，因此行走其上比一般石铺砖砌的栈道更为舒适。木栈道多用于要求较高的居住环境中。

（2）木栈道由表面平铺的面板（或密集排列的木条）和木方架空层两部分组成。木面板常用桉木、柚木、冷杉木、松木等木材，其厚度要根据下部木架空层的支撑点间距而定，一般为3~5 cm厚，板宽一般为10~20 cm，板与板之间宜留出3~5 mm宽的缝。不宜采用企口拼接方式。面板不宜直接铺在地面上，下部要有至少2 cm的架空层，以避免雨水的浸泡，保持木材底部的干燥通风。设在水面上的架空层，其木方的断面选用要经计算确定。

（3）木栈道所用木料必须进行严格的防腐和干燥处理。为了保持木质的本色和增强耐久性，用材在使用前应在透明的防腐液中浸泡6~15天，然后进行烘干或自然干燥，使含水量不大于8%，以确保在长期使用中不产生变形。个别地区由于条件所限，也可采用涂刷桐油和防腐剂的方式进行防腐处理。

（4）连接和固定木板和木方的金属配件（如螺栓、支架等）应采用不锈钢或镀锌材料制作。

十一、灯具照明

将照明作为景观素材进行设计，既要符合夜间使用功能，又要考虑白天的造景效果，应设计或选择造型优美别致的灯具，使之成为一道亮丽的风景线（图5.8.2.13和图5.8.2.14）。

1. 园林景观照明

园林照明灯具有道路灯具、广场照明灯具、水池灯、防潮灯、庭院灯、门灯、霓虹灯具、庭院灯、草坪灯、投光灯具等。

园林景观照明目的主要有以下四个方面：

（1）增强对物体的辨别性。

（2）保障人们夜间出行的安全。

（3）保证居民晚间活动的正常开展。

（4）营造环境氛围。

图5.8.2.13　景观灯具　　　　图5.8.2.14　景观夜景

2. 照明分类

园林景观照明分类如下：

（1）车行照明，适用场所为居住区主次道路。

（2）人行照明，适用场所有步行台阶（小径）、园路、草坪。

（3）场地照明，适用场所有运动场、休闲广场。

（4）装饰照明，适用场所有水下照明、树木绿化、花坛、围墙、标志、门灯。

（5）安全照明，适用场所有交通出入口（单元门）、疏散口。

（6）特写照明，适用场所有浮雕、雕塑小品、建筑立面。

3. 灯具属性

不同灯具的属性如下：

（1）门灯：庭院出入口与园林建筑的门上安装的灯具为门灯，也包括矮墙上安装的灯具，门灯又分门顶灯、门壁灯、门前座灯。

（2）霓虹灯具：霓虹灯能瞬时启动，光输出可以调节，灯管可以做成各种形状（文字、图案等）。图案可以不断更换闪烁，起到明显的广告宣传作用。

（3）道路灯具：有功能性道路灯具和装饰性道路灯具。

（4）广场照明灯具：一种大功率的投光类灯具，具有镜面抛光的反光罩，采用高强度气体电光源，光效高，照射面大。灯具装有转动装置，能调节光线照射方向。

（5）水池灯、防潮灯：具有很好的防水性，一般选用卤钨灯。

（6）庭园灯：用在庭院、公园及大型建筑物的周围，既是照明器材，又是艺术品。常见的有园林小径灯、草坪灯。

十二、园林景观设施

按照景观设施的服务功能，可以将景观设施分为以下七类。

1. 游乐设施

游戏和娱乐是人们生活中不可缺少的内容，可在小环境中设置必要的游乐设施，以满足人们的需求。游乐设施包括游戏设施和娱乐设施，它们有着不同的使用对象和设置要求。

游戏设施是为学龄前儿童设置的，一般布置在学校、幼儿园、居住区绿地以及大型的公共绿地中。游戏设施包括游戏场地和器械，游戏场地设有沙坑、硬地、绿地、水池等，常见的游戏器械包括秋千、木马、滑梯、压板、攀登架等，可满足儿童爬、跳、攀、行的需求。

游戏设施的设计应该注意以下几点：

（1）应该满足儿童的生理和心理特点，既要促进儿童的智力发育，又要使他们身体健康成长。

（2）游戏场地的布局应该合理地考虑儿童的使用半径，一般设置在宅间绿地、组团绿地以及专用绿地中，同时为了大人看护方便，应在游戏场地近处为大人提供休息设施。

（3）儿童游戏设施的布置应安全，可利用绿化、矮墙和外界适当地分隔，形成相对封闭的袋状空间，同时保证场地和器械使用的安全。

（4）儿童游戏设施应结合整个环境的特点，综合考虑本地区的气候特点、生活习惯和外界因素的影响，并结合其造型设计，使其以鲜明的形象、色彩和质感促进儿童的身心发育。

娱乐设施是为了少年儿童和成年人共同参与使用的娱乐和游艺性设施，一般分布在儿童公园和大型公园内。这些娱乐设施包括沙坑、涂写板、摇椅、秋千架、跷跷板、滑梯、迷阵、戏水池、爬杆架、回转环、迷宫建筑、游艺用房、观光缆车、空中吊篮以及各类回转器械、运行器械等，内容繁多，再加上各种小型娱乐设施和附属设施，种类丰富。

娱乐设施应针对不同年龄阶段的儿童进行设计。

（1）针对3~6周岁幼儿的住宅组团级的幼儿游戏场地，场地规模一般为150~450 m²，最小场地规模为120 m²，每个儿童最小面积为3.2 m²，一般布置在住宅庭院内或宅前屋后，在住户能看到的位置，结合庭院绿化统一考虑，要求穿越交通。其服务半径小于或等于50 m，服务于30~60户的20~30名儿童。主要器械和设施有草坪、沙坑、铺砌地、桌椅等。

（2）针对7~12周岁学龄儿童的住宅组团级儿童游戏场，场地规模一般为500~1000 m²，最小场地规模为320 m²，每个儿童最小面积为8.1 m²，多布置在住宅组团中心地区并设在组团绿地内。其服务半径小于或等于150 m，服务于150户的20~100名儿童，设有多种游戏器械和设施，如沙坑、秋千、绘图用的地面、滑梯、攀登架等。

（3）针对12周岁以上青少年的小区级少年儿童游戏公园，场地规模一般为1500 m²以内，最小场地规模为640 m²，每人最小面积为12.2 m²，布置在住宅组团之间，多数布置在居住小区或居住区的集中绿地内，以不跨越城市干道为原则。其服务半径小于或等于200 m，服务于200户的90~120名青少年。须设有小型体育场地和较多的游戏设备，也可修建少年儿童文娱、体育、科技活动中心，儿童游戏场地常见设施有沙坑、水池、草坪与地面铺砌及墙体等。沙坑深度以30 cm为宜。每个儿童游戏时面积为1 m²，沙坑最好设在向阳处，既利于儿童健康，又可给沙土消毒。应经常保持沙土松软和清洁，定期更换沙料。规模较大的儿童游戏场可布置浅水游水池，水面可选用各种形状、也可用喷泉、雕塑加以装饰，池水要常换。柔软的草坪是儿童进行各种活动的良好场所，同时还要布置一些用砖、石、预制混凝土及陶质地面板等材料铺面的硬地面。游戏墙及迷宫是常见的儿童游戏设施，游戏墙的线形可设计成不同形状，墙上布置大小不同的圆孔，墙面可有图案装饰。游戏墙尺度要适合儿童身高。迷宫是游戏墙的一种，其进出口应设计一个标志。

因为占地广、内容多，而且易产生噪声，在大型公园中应专门开辟娱乐区域，对设施的布局应充分考虑其空间结构，平面和立体结合，合理利用场地，可以小型设施结合大型娱乐设施相间布置。娱乐设施应该为人们提供可以遮阳的场地，方便人们锻炼和休息。设置儿童游乐设施的场地地面应该比较柔软，可以使用沙子或橡胶铺设地面。器具要足够牢固，避免出现过于尖锐的部件。场地应该与周边环境有适当的绿化隔离，特别是在靠近马路的城市滨水绿地中，既可以减少活动人群与城市交通之间的相互干扰，又可以在一定程度上减少汽车排放的废气对活动人群的不良影响。

2. 休息设施

（1）座椅是居住区内供人们休闲的不可缺少的设施，同时也可作为重要的装饰景观进行设计。应结合环境规划来考虑座椅的造型和色彩，力求简洁适用。室外座椅的选址应注重居民的休息和观景，不影响人流交通。有休息需求的座椅位置，要对人在室外的行为进行分析，并以此为依据进行设计，与环境协调统一。

（2）室外座椅的设计应符合人体工程学，满足人体舒适度要求，普通座面高38~40 cm，座面宽40~45 cm。标准长度：单人椅为60 cm左右，双人椅为120 cm左右，三人椅为180 cm左右，靠背座椅的靠背倾角以100°~110°为宜。座椅应该坚固耐用（图5.8.2.15）。

（3）座椅材料多为木材、石材、混凝土、陶瓷、金属、塑料等，应优先采用触感好的木材，木材应作防腐处理，座椅转角处应作磨边倒角处理。

图5.8.2.15　座椅设计

3. 服务设施

（1）售货亭、服务亭点等便民设施。服务亭点是指分布在室外公共场所中的小品类建筑，和服务类设施相比，其在服务项目、规模、对象上都是截然不同的。它占地面积小，一般只有几平方米，但在城市室外环境中为人们提供了便捷的服务。常见的服务亭点有书报亭、快餐点、咨询处、售货亭、花亭、售票亭、棚架式摊床等，它们共同的特点就是体量小，分布面广，数量众多，服务内容单一，而且造型小巧、灵活，小尺度的形态在空间布置上有很大的适应性，色彩鲜明，是构成环境景现的重要设施（图5.8.2.16和图5.8.2.17）。

图5.8.2.16　售货亭

图5.8.2.17 咖啡座

服务亭点的设计应注意和人流的活动路线的一致性，以方便人们识别和寻找，并可以新颖的造型、鲜明的色彩及布列方式成为景观元素。服务亭点根据服务范围适当设置，宜成组布置于通行人流附近，形成吸引逗留的因素，并且这些设施的尺寸应符合人体工程学原理。服务亭点前面应该留有足够的场地，应设置一些座椅及卫生洁具，如活动卫生间、垃圾箱、烟灰皿。在居住区内，宜将多种便民设施组合为一个较大单体，以节省户外空间，增强场所的视景特征。

（2）音响设施。在园林景区户外空间中，宜在距住宅区较远地带设置小型音响设施，并适时地播放轻柔的背景音乐，以增强居住空间的轻松气氛。

音响设施外形可结合景物元素设计。音箱高度应在0.4~0.8m为宜，保证声源能均匀扩放，无明显强弱变化。音响放置位置一般应相对隐蔽。

4. 交通设施

（1）候车廊。应满足方便、简单、快捷的特点。

（2）自行车架。自行车在露天场所停放，应划分出专用场地并安装车架。自行车架分为槽式单元支架、管状支架和装饰性单元支架，用地紧张的时候可采用双层自行车架，自行车架尺寸按适宜尺寸制作。

（3）另外，交通设施还有分隔墩、隔离墩、路障等。

5. 运动设施

运动设施包括羽毛球场、篮球场、乒乓球场、足球场、高尔夫球场、沙滩排球场、游泳池等。

6. 信息标志

信息标志可分为名称标志、环境标志、指示标志和警示标志四类。

指示标牌不但可引导游人进行游览，而且具有简易说明的作用，应以周围景观性质为依据进行设计。

信息标志的位置应醒目，且不应对行人交通及景观环境造成妨害。标志的色彩、造型设计应充分考虑其所在地区建筑、景观环境以及自身功能的需要。标志的用材应经久耐用，不易破损，方便维护。各种标志应确定统一的风格和背景色调以突出物业管理形象（图5.8.2.18至图5.8.2.20）。

图5.8.2.18 电话亭　　　　图5.8.2.19 指示牌

图5.8.2.20 指示座

7. 卫生设施

卫生设施有垃圾容器、公共卫生间、饮水器、洗手设施等。

（1）饮水器。饮水器是居住区街道及公共场所为满足人的生理卫生需求设置的供水设施，同时也是街道上的重要装点之一（图5.8.2.21）。

饮水器分为悬挂式饮水设备、独立式饮水设备和雕塑式水龙头等。

饮水器的高度在800 mm左右为宜，供儿童使用的饮水器高度宜为650 mm左右，并应安装在高度为100~200 mm的踏台上。

饮水器的结构和高度还应考虑轮椅使用者的方便。

（2）垃圾容器。

①垃圾容器一般设在道路两侧和居住单元出入口附近的位置，其外观色彩及标志应符合垃圾分类收集的要求。

图5.8.2.21　特色饮水器

②垃圾容器分为固定式和移动式两种。普通垃圾箱的规格为高60~80 cm，宽50~60 cm。放置在公共广场的要求较大，高度宜在90 cm左右，直径不宜超过75 cm。

③垃圾容器应选择美观与功能兼备、并且与周围景观相协调的产品，要求坚固耐用，不易倾倒。一般可采用不锈钢、木材、石材、混凝土、陶瓷等材料制作。

（3）公共卫生间。公共卫生间是城市设计中非常重要的因素。滨水空间的公共卫生间建筑面积指标就是根据其位置的不同而采取与周边环境接近的标准进行设计。

项目九　实训：具体案例景观设计工作任务应用分析的实践学习

一、实训目的

引入课程项目：顺德职业技术学院艺术楼前绿地景观的景观设计工作任务分析。

学生去顺德职业技术学院艺术楼前绿地景观实地体验，分组对绿地景观具体案例进行景观设计工作任务分析，提问如"道路组织如何""功能分区是否合适""铺地材料和样式如何"等，并用手绘技法和软件表现进行设计。教师把学生的分析成果挂在后墙进行全班评点。

二、实训教学设备及消耗材料

（1）绘图工具：1号图板，900 mm丁字尺，45°、60°三角板、量角器、曲线板、模板、圆规、分规、比例尺、鸭嘴笔、绘图铅笔和粗、中、细针管笔。

（2）计算机辅助设计软件：AutoCAD、3ds Max、Photoshop、HCAD。

（3）其他：各类辅助工具。

（4）图纸：园林制图采用国际通用的A系列幅面规格的图纸，以A2图幅（420 mm×594 mm）为准。

模块六

不同类型园林景观设计实践

项目一 城市广场景观规划设计

城市广场是城市道路交通系统中具有多种功能的空间，其概念源于西方，早期是民众集会或举行大型活动的场所，是人们政治活动和文化活动的中心，也是公共建筑最为集中的地方。

城市广场体系规划是城市总体规划和城市开放空间规划的重要组成部分，其内容包括：城市广场体系空间结构；城市广场功能布局；城市广场的性质、规模、标准；各广场与整个城市及周边用地的空间组织、功能衔接和交通联系（图6.1.0.1和图6.1.0.2）。

图6.1.0.1 新西兰曼努考市曼努考广场景观（一）

图6.1.0.2 新西兰曼努考市曼努考广场景观（二）

任务一 城市广场的概念

城市广场具有集会、交通集散、居民游览和休息、商业服务及文化宣传等展示功能，被称为城市的"客厅"和"起居室"。市民大多在此休闲、交谈、观赏和娱乐，它体现了一个城市的文化和活力，在城市景观中起着重要作用。从20世纪后半叶至今，随着城市功能分区的进一步明确，人们对城市生态空间认识上的转变，使得广场的概念更加多元化，其外延也更加广泛。广场的作用已经不仅仅局限在为集会或大型活动提供场所，而更多地表现在提高城市规划需求和城市空间整体艺术气质、为市民提供绿色休闲空间等方面。

任务二 城市广场分类

广场按照其主要功能、用途及在城市交通系统中所处的位置可分为集会游行广场（包括市民广场、纪念性广场、生活广场、文化广场、游憩广场）、交通广场、商业广场、公共建筑前的广场等多种类型。

一、集会游行广场

城市中的市中心广场、区中心广场上大多布置公共建筑，平时为城市交通服务，同时也供旅游及一般休闲活动，必要时可进行集会游行。这类广场有足够的面积，并可合理组织交通，与城市主干道相连，满足人流集散需要。其在规划上多采用中轴线对称布局，运用简洁且规则的绿化形式，树种选用与搭配组合不零乱，并大面积运用草坪花卉，主要为了烘托广场庄严肃穆的气氛。例如北京天安门广场、上海市人民广场、昆明市中心广场和俄罗斯莫斯科红场等，均可供群众集会游行和节日联欢之用。

二、交通广场

交通广场设在几条交通干道的交叉口上，主要为组织交通用，也可装饰街景。在种植设计上，必须服从交通安全的条件，不可阻碍驾驶员的视线，所以多用矮生植物点缀中心岛，例如广州的海珠广场。一般不允许行人进出。

三、商业广场

商业广场以步行商业广场和步行商业街的形式为多，并有各种集市露天广场形式（图6.1.2.1）。

图6.1.2.1 Taby城市中心新广场

四、公共建筑前的广场

剧院、电影院、展览馆、体育场等建筑前的广场，被称为公共建筑前的广场或"前庭广场"。这类广场在规划上多采用几何形态，由于客流量大，为满足大量人群疏散的要求，广场多利用低矮的灌木、绿篱、鲜花和草坪，构成丰富的设计内容，组织功能空间划分和引导交通，同时也起到装点广场的美化作用（图6.1.2.2）。在景观设计中也可引入雕塑、水体等设施，不仅为行人游人带来清新凉爽的感觉，也为广场拓展了构成要素的丰富性。

图6.1.2.2　日本爱知县高滨站站前广场

五、主题广场

主题广场应先明确其功能作用，而后确定其主题，从而设计出具有个性的广场单体。这是近年来城市规划设计中的主要发展特征和趋势。

任务三　城市广场设计要点

一、城市广场功能设计

城市广场设计首先要明确其使用对象，随后依据服务对象的性质来确定其应该具备的功能，最后采用相应的手法来满足既定的功能要求。城市广场是交流议事、集会、交通、商业活动等多种功能的组合。城市广场设计和建设要考虑影响人们这些活动行为变化的因素。城市广场的功能和地点的变化也衍生出主题的变化。不同地段的城市广场具有的职能有主次之

分，在充分体现其主要功能之外，应当尽可能地满足游人的娱乐休闲活动（图6.1.3.1至图6.1.3.4）。人们乐意逗留对商家来说则存在着无限的商机，城市地价也会因城市广场的布置而发生变化。

图6.1.3.1　Taby城市中心新广场小品

图6.1.3.2　Taby城市中心新广场树池

图6.1.3.3　汉诺威世博会广场

图6.1.3.4 让·朱列斯广场景观

二、设计原则

城市广场设计应遵循以下几项原则：

（1）生态环境原则。

（2）适宜性原则。

（3）人性化原则。

（4）城市空间的完整性原则。

（5）地方特色原则。

（6）多功能性原则。

三、城市广场的面积

著名的古罗马建筑师维特鲁威说："罗马广场的尺寸应适应听众需要，否则场地会不够用，听众少的时候，场地又会显得太大。所以这样来定广场的宽度就可以了：把长度分成三份，两分之长作为宽度。这样就可以形成一个长方形，排列方式也更适于游览观赏的目的。"城市大，城市中心广场的面积也大；城市小，市中心广场也不宜规划得太大。大广场不仅在经济上花费巨大，而且在使用上也不方便，且很难设计出好的艺术效果。城市广场尺寸太大会缺乏活力和亲和力。

此外，广场面积应满足相应的附属设施，如停车场、绿化种植、公用设施等设计要求。观赏要求方面还应考虑人们在广场上对广场上主体建筑有良好的视线、视距。在体形高大的建筑物的主要立面方向，宜相应地配置较大的广场（图6.1.3.5和图6.1.3.6）。

图6.1.3.5 德国施瓦布公园城广场

图6.1.3.6 德国施瓦布公园城广场景观节点

四、城市广场与周边建筑的关系

一般来说，广场四周建筑物低，广场显得开阔、通透。广场四周建筑物高，处于高宽比为1：2左右时，广场更显得有内聚感。大广场中的组成要素应有较大的比例尺度，小广场中的组成要素宜用较小的比例尺度（图6.1.3.7）。

图6.1.3.7　新西兰曼努考市曼努考广场

五、城市广场的设置内容

（1）广场要有足够的铺装硬地供人活动，同时也应保证不少于广场面积25%比例的绿化用地，为人们遮挡夏天的烈日，丰富景观层次和色彩（图6.1.3.8）。

图6.1.3.8　美泉宫前的广场

（2）广场中需有坐凳、饮水器、公共卫生间、电话亭、售货亭等服务设施，还要设置一些雕塑、小品、喷泉等充实内容，使广场更具有文化内涵和艺术感染力（图6.1.3.9）。

图6.1.3.9　SPA花园和城市广场

（3）广场交通流线组织要以城市规划为依据，处理好与周边道路交通的关系，保证行人安全。除交通广场外，其他广场一般限制机动车辆通行（图6.1.3.10）。

图6.1.3.10　汉诺威世博会广场台阶

（4）广场的小品、绿化、物体等均应以"人"为中心，时时体现为"人"服务的宗旨，并处处符合人体的尺度（图6.1.3.11）。

图6.1.3.11　新西兰曼努考市曼努考广场小品

任务四　城市广场规划设计需收集的基础资料

（1）城市总体规划、分区规划或详细规划对本规划地段的规划要求，相邻地段已批准的规划资料。

（2）建设方及政府规划部门的倾向性意见、开发意向、前期资金投入和运作模式、后期管理办法。

（3）建设规划许可证批文及用地红线图。

（4）市域图及区域位置图。

（5）建筑物现状地形图：①建筑物现状：包括房屋用途、产权、建筑面积、层数、建筑质量、保留建筑等；②植被现状：包括植物种类、位置等；③道路现状：包括道路等级、路面质量。

（6）公共设施规模、分布。

（7）工程设施管网的现状、规划位置及规模容量。

（8）工程地质、水文地质等资料。

（9）各类建筑、环境工程造价等资料。

（10）所在城市及地区历史文化传统（包括历史演变、神话传说、名胜古迹等），民风民俗（包括文化特色、居民生活习惯、生活方式等）；城市格局（选址、风水）；建筑特色（包括街巷、民居、地方特色建筑材料等）；地形地貌特色（包括山川、河流、湖泊等）；植物种植特色（包括地方植物、特色种植方式、农业、灌溉方式）等资料。

任务五　城市广场规划设计的成果

一、规划设计说明书

城市广场规划设计说明书包括以下内容：

（1）方案特色。

（2）现状条件分析（包括区域位置、用地规模、地形特色、现状建筑构筑物、周边道路交通状况、相邻地段建设内容及规模）。

（3）自然和人文背景分析。

（4）规划原则和总体构思（包括建设目标、指导思想、规划原则、总体构思）。

（5）用地布局（包括不同用地功能区主要建设内容和规模）。

（6）空间组织和景观设计（包括不同功能所要求的不同尺度空间的组织、不同空间的景观设计）。

（7）道路交通规划（包括道路等级、道路编号表、地上机动车流、地上人流、地上人流聚散场地、

地上机动车非机动车停车位、地下机动车流、地下商业停车等建筑位置及垂直交通位置、消防车道）。

（8）绿地系统规划（包括不同性质绿地，如草地、自然林地、疏林草地、林下广场、人工水体、自然水体、屋顶绿地等的组织）。

（9）种植设计（包括种植意向、苗木选择）。

（10）夜景灯光效果设计（包括设计意向、照明形式）。

（11）主要建筑构筑物设计（包括地上和地下建筑功能及平面立面剖面说明、主要构筑物如雕塑、通风口、垂直交通出入口等）。

（12）各项专业工程规划及管网综合（包括给水排水、电力电讯、热力燃气等）。

（13）竖向规划（包括地形塑造、高差处理、土方平衡表）。

（14）主要技术经济指标，一般应包括以下各项内容：

①总用地面积。

②总绿地面积、分项绿地面积（包括自然水体、人工水体、疏林草地、屋顶绿地、绿化停车场绿地、林荫硬地）、道路面积、铺装面积。

③总建筑面积、分项建筑面积（包括地下建筑面积、地上建筑面积等）。

④容积率、绿地率、建筑密度。

⑤地上和地下机动车停车数、非机动车停车数。

⑥工程量及投资估算。

二、图纸

1. 方案阶段图纸（彩图）

（1）规划地段位置图。标明规划地段在城市中的位置以及和周围地区的关系。

（2）规划地段现状图。图纸比例为1/500~1/2000，标明自然地形地貌、道路、绿化、水体、工程管线及各类用地建筑的范围、性质、层数、质量等（包括现状照片）。

（3）场地适宜性分析图。通过对场地内外自然和人工要素的分析，标明各地块主要特征以及建设适

宜性。

（4）广场规划总平面表现图。图纸比例1/300~1/1000，图上应标明规划建筑、草地、林地、道路、铺装、水体、停车场、重要景观小品、雕塑的位置、范围以及相对高度（阴影表示），同时应标明主要空间、景观、建筑、道路的名称。

（5）广场与场地周边环境联系分析图。从交通、视线、轴线、空间等方面分析广场与周边环境的关系。

（6）景点分布及场地文脉分析图。标明主要景点位置、名称、景观构思以及场景原型。

（7）功能布局与空间特色分析图。标明不同尺度、不同功能、不同性质空间的位置和范围，表示出各个景点的位置和规模。

（8）景观感知分析图。分别标示出广场上宏观、中观和微观三个不同尺度上的景观感知范围。

（9）广场场地及小品设施分布图。图纸比例自定，标明广场上硬地铺装、绿地、水体的范围；景观小品（含标识、灯具、座椅、雕塑等）、服务性设施、垂直交通井、公共厕所、地下建筑出入口及通风口位置；地下建筑范围。

（10）广场夜间灯光效果设计图。图纸比例自定，标明广场上各种照明形式的布置情况、灯光色彩、照度等。

（11）道路交通规划图。图纸比例1/500~1/1000，图上应标明道路的红线位置、横断面，道路交叉点坐标、标高、坡向坡度、长度、停车场用地界线。

（12）交通流线分析图。标明地面地下人流车流、空中人流车流、地上地下机动车非机动车停车位置范围、地下车库人车出入口、地下建筑位置及出入口、各级聚散地范围。

（13）种植设计图。图纸比例1/300~1/500，标明植物种类、种植数量及规格，附苗木种植表。

（14）绿地系统分析图。标明各类绿地的位置、范围和关系。

（15）竖向规划图。图纸比例1/500~1/1000，标明不同高度地块的范围、相对标高以及高差处理方式。

（16）广场纵、横断面图。图纸比例1/300~1/500，应反映出广场的尺度比例、高差变化、地面地下空间利用、周边道路、乔木绿化等，标明重要标高点。

（17）主要街景立面图。图纸比例1/300~1/500，标明沿街建筑高度、色彩、主要构筑物高度。

（18）广场内主要建筑和构筑物方案图。主要建筑地面层平面、地下建筑负一层平面、主要构筑物平立剖面图。

（19）综合管网规划图。图纸比例1/500~1/1000。

（20）表达设计意图的效果图或图片。一般应包括总体鸟瞰图、夜景效果图、重要景点效果图、特色景点效果图、反映设计意图的局部放大平立剖面图及相关图片、重要建筑和构筑物效果图。

2. 成果递交图纸（蓝图）

（1）规划地段位置图。标明规划地段在城市的位置以及和周围地区的关系。

（2）规划地段现状图。图纸比例为1/500~1/2000，标明自然地形地貌、道路、绿化、水体、工程管线及各类用地建筑的范围、性质、层数、质量等。

（3）广场规划总平面图。图纸比例1/300~1/1000，图上应标明规划建筑、草地、林地、道路、铺装、水体、停车、重要景观小品、雕塑的位置、范围，同时应标明主要空间、景观、建筑、道路的尺寸和名称。

（4）道路交通规划图。图纸比例1/500~1/1000，图上应标明道路的红线位置、横断面，道路交叉点坐标、标高、坡向坡度、长度、停车场用地界线。

（5）竖向规划图。图纸比例1/500~1/1000，标明不同高度地块的范围、相对标高以及高差处理方式。

（6）种植设计图。图纸比例1/300~1/500，标明植物种类、种植数量及规格，附苗木种植表。

（7）综合管网规划图。图纸比例1/500~

1/1000。

（8）广场小品设施分布图。图纸比例1/300~1/1000，标明景观小品（含标识、灯具、座椅、雕塑等）、服务性设施、垂直交通井、公共卫生间、通风口名称及位置；地下建筑范围。

（9）广场纵、横断面图。图纸比例1/300~1/500，应反映出广场的尺度比例、高差变化、地面地下空间利用、周边道路、乔木绿化等，标明重要标高点。

（10）主要街景立面图。图纸比例1/300~1/500，标明沿街建筑高度、色彩、主要构筑物高度。

（11）广场内主要建筑和构筑物方案图。主要建筑地面层平面、地下建筑负一层平面、主要构筑物平立剖面图。

三、模型

总体模型比例为1/300~1/600，重要局部模型比例为1/50~1/300。总体模型应能反映出广场内各个空间的尺度关系、重要高差处理，绿地、水体、硬地等不同基面性质，绿化围合关系、广场与周边道路建筑环境的关系。局部模型应能反映出质感、动感、空间尺度比例等。

四、图例

广东顺德职业技术学院信合广场规划设计如图6.1.5.1至图6.1.5.3所示。

图6.1.5.1　设计遐想

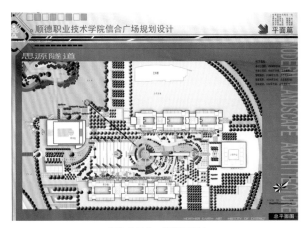

图6.1.5.2　设计平面

图6.1.5.3　设计鸟瞰效果

项目二　城市商业步行街景观规划设计

任务一　城市商业步行街设计概念

步行街是社会经济发展的客观结果，是城市化不断推进和城市发展现代化的必然产物，是城市居民生活质量不断提高的要求，是城市环境迅速改善和回归自然的需要，也是全球汽车时代对汽车的异化而出现的一种特殊的现象。因此，城市步行街的出现和发展是城市发展的选择，为居民提供一个相对安静的适合于购物和休闲的环境，是地域经济发展与城市街区改造相结合的产物，它一方面是利用城市中极为有限的车道改造而形成的场地，缓解了不断膨胀的城市人口与不断增加的人群对活动空地的需求压力；另一方面则是在探索城市建设与发展中，对于城市形象，城市文脉、传统历史街区的保护与利用，寻求适合本土人文特征、传统习俗特性以及地理气候条件的发展新路（图6.2.1.1和图6.2.1.2）。

图6.2.1.1 彼德森大街步行
街景观（一）

图6.2.1.2 彼德森大街步行街
景观（二）

商业步行街从立项到建设，都是由政府主导或参与的市政项目，它的成败直接影响区域经济的增长。其由于在城市环境中占有重要地位，是一个城市形象的代表和名片，因此，商业步行街的形态设置成为社会关注的焦点。

任务二　步行街的作用

一、经济功能

步行街的主要功能是从事商业活动，强化了商业功能，弱化了交通功能。商业步行街往往带来生意的兴隆和经济的发展。

二、文化功能

随着社会的发展，经济与文化变得密不可分，经济中蕴含着丰富的文化。人们游览步行街不仅是为了满足购物的需要，或经济上的需要，也是享受文化。当然文化是丰富多彩的，商业自身的文化，饮食文化，建筑文化，雕塑文化，步行街的文化设施和文化活动等都是一种文化。文化活动越丰富，就可能有更大的人气，更能促进商业的繁荣。

三、休闲功能

游览步行街具有复合性，购物中寓休闲，或休闲中寓购物，有人以休闲为主，还有人以购物为主。

四、娱乐功能

许多步行街设置了现代化娱乐设施，通过步行街可以得到充分的消费和娱乐享受。

五、保护功能

步行街是对城市历史的保护，包括对具有悠久历史的商店、字号、街区，以及依托于它们的文化遗产的保护。

六、环保功能

步行街两旁繁茂的行道树，街中心的花坛，品种繁多的观赏植物，以及颇具吸引力的街景小品等，不仅为步行街添色，而且创造了一个舒适和优美的生活环境，形成绿色的商业活动和环境空间。

任务三　步行街的类型

在我国的中大型城市环境中，商业步行街的类别、规模、形式各有不同，这取决于不同城市的各种不同条件与需求因素。

步行街从街区格局分类，有开敞式、封闭式和半街式；从规模分类，有单街型和多街型组成的街区型；从城市地理状况分类，有半地街区、坡地街区、夹河街区、滨江街区、环湖街区等；从街区形式风貌上分类，有传统历史街区、现代商业街区、民俗风情街区、主题观光休闲街区等。

这些不同的商业步行街由于其规模、内容、功能、形式以及针对的消费群体各不相同，街区景观环境设计所侧重的方向也各不相同，从而形成各具特色的街区景观。因为当代商业步行街的功能早已超越了单纯的购物概念，而上升到满足城市生活多元化需求和提高城市生活质量的层面上，它将从多个角度折射出一个城市的建设、发展、经济、文化、历史、习俗和市政措施等多方面的现状，成为一个城市社会人居与生活方式的缩影，为此，商业步行街区景观建设就成为彰显城市特征，表现经济繁荣，体现人文风俗，标榜城市个性的重要手段，并在相互的比较中不断地发展完善。

任务四　城市商业步行街设计

城市商业步行街设计是指对街道、建筑立面、各种商业店面、摊位、绿化植物、灯箱招牌、公共设施、公共艺术品、水景等视觉景象进行形式处理和功能优化（图6.2.4.1至图6.2.4.3）。在设计中需要注意三个方面：①步行街的设计规模；②步行街的结构协调；③步行街的管理体制。

图6.2.4.1　东京表参道商业街景观（一）

图6.2.4.2　东京表参道商业街景观（二）

图6.2.4.3　东京表参道商业街景观（三）

任务五　步行街的设计原则

一、良好的交通体系

设计中应考虑步行街所在的地段，全城的交通情况、停车的难易、路面的宽窄、投资渠道和居民意向等因素，可形成环境质量高，集购物、娱乐、文化、饮食于一体的城市新型商业步行街区（图6.2.5.1至图6.2.5.3）。

图6.2.5.1　商业街平面图

图6.2.5.2　彼德森大街夜景

图6.2.5.3　彼德森大街盆景

二、完整的空间环境意象

从城市设计角度看，街道的意象是建筑和街区空间环境的综合反映，有特色的街道空间环境自然可反映街道特色（图6.2.5.4和图6.2.5.5）。

图6.2.5.4　彼德森大街实景　　图6.2.5.5　商业街节点平面与实景

1. 道路

作为城市商业环境中的道路，其作用体现为渠道（人、车的交通、疏散渠道）、纽带（联结商店、组成街道）、舞台（人们在道路空间中生活、进行各种活动）。规划中对道路与两边建筑物的高宽比以$H/D=1$为主，穿插一部分$H/D=2$的建筑。这种空间尺度关系既不失亲切感，又不显得过于狭窄，从视觉分析上是欣赏建筑立面的最佳视角，易形成独特的热闹气氛的空间。

2. 区域

作为城市中心区，由于城市商业活动本身的"集聚效应"，公建布局相对较为集中，由于人们生理与心理因素的影响，步行街长度以600~800米为宜。（即城市主干道的间距），加上购物的选择性与连续性，销售的集合性和互补性，最终形成集中成片的网络化区域系统。

3. 中心

中心即一定区域中有特点的空间形式，结合步行街的特点，规划1~2个广场，作为步行街的中心、焦点，为其带来特色与活动。

4. 入口

对于步行商业街，入口的重要性在规划中应充分考虑。在连接城市主干道的地方设置牌坊等作为步行街的入口，大量的人流由此进出，不许机动车辆进入，入口处设灵活性路障或踏步，并设管理标志符号。由于它起着组织空间、引导空间的作用，其本身也是街道空间中的重要景观。它是整个街道空间序列的开端，既适合市民的心理需求，给人们以明显的标志，还可突出历史文化名城的风貌。

三、丰富的空间形式

随着历史的发展，步行商业街的空间形式发生了很大变化，正向多功能、多元素的公共建筑开始了综合化发展（图6.2.5.6）。步行街在顺应社会潮流而朝现代化发展的同时，也应保留自身应有的传统空间与风貌。可规划设计适合当地文化脉络特色的骑楼、过街楼、庭院式商店布局，室内步行街等，以建构一种具有综合性的步行购物系统，使城市空间具有历史的延续性，以提高其价值观念和深层意义。

图6.2.5.6　商业街建筑立面

四、独特的景观构成

步行街具有独特的构成因素，这些因素也是满足现代城市生活的需要，构成城市环境风貌和组成部分。步行街由两旁建筑立面和地面组合而成，故其要素有地面铺砖、标志性景观（如雕塑、喷泉）、建筑立面、展示柜台、招牌广告、游乐设施（空间足够时设置）、街道小品、街道照明、邮筒、休息座椅、绿

化植物配置和特殊的如街头献艺等活动空间，其设计繁杂程度不亚于设施建筑，但最关键的还是城市环境的整体连续性、人性化、类型的选择和细部设计（图6.2.5.7）。

图6.2.5.7　休息座椅

项目三　居住区景观规划设计

任务一　居住区基本组成

21世纪是人与自然和谐发展的时代。人们在满足居住需求的同时，也在追求一个优美怡人的自然环境，因此也越来越重视居住区环境的改善。居住区应该为人们进行各种户外活动提供空间，小区是否充满活力，居住环境作为人居环境的一个重要组成部分，担负着向人们提供舒适的居住生活的任务，同时也提供一定的场所，担负一定的社会功能，它是由自然环境、社会环境以及居住者三部分构成的一个系统整体。现代居住区环境设计既包括不同类型居住空间的设计，如院落、街道、轮廓、广场等，也涉及人与人、人与环境之间的关系，合理处理各种居住环境中的公共性与私密性、接触与隔离等使用特性，包含环境社会学、环境心理学以及社会生态学等方面的深刻内容（图6.3.1.1至图6.3.1.3）。

图6.3.1.1 北京四合院庭院改造

图6.3.1.2 万科第五园

图6.3.1.3 日本居住区

居住区用地由住宅用地（图6.3.1.4）、公共服

务设施用地、道路用地（图6.3.1.5）、绿地组成。

图6.3.1.4 深圳蔚蓝海岸会所住宅

图6.3.1.5 深圳蔚蓝海岸会所道路

任务二 居住区景观设计要求和原则

一、居住区景观的规划设计要求

居住区景观的规划设计要求有共享性、文化性、艺术性。

二、规划设计过程

居住区规划设计要对居住区整体风格进行策划与构思，对居住区的环境景观作专题研究，提出景观的概念规划，把握园林景观建筑的风格。在具体的设计过程中，景观设计师、建筑工程师、开发商要经常进行沟通和协调，使景观设计的风格能融合在居住区整体设计之中。因此居住区景观设计应是发展商、建筑商、景观设计师和城市居民四方互动的过程（图6.3.2.1和图6.3.2.2）。

图6.3.2.1　万科第五园建筑空间景观

图6.3.2.2　万科第五园景观夜景

三、规划设计原则

居住区景观规划设计要遵循社会性原则、经济性原则、生态性原则、地域性原则和历史性原则。

任务三　居住区景观的设计方法

居住区景观不仅有功能意义，还涉及人们的视觉和心理感受，在进行居住区景观设计时，应注意整体性、实用性、艺术性、趣味性的结合。包括对基地自然状况的研究和利用，对空间关系的处理和发挥，与居住区整体风格的融合和协调，具体包括道路的布置、水景的组织、路面的铺砌、照明设计、小品设计、公共设施的处理等，具体体现在以下几方面。

一、空间组织立意

园林景观设计必须体现居住区设计整体风格的主题，硬质景观要同绿化等软质景观相协调，不同居住区设计风格将产生不同的景观配置效果。现代风格的住宅适宜采用现代景观造园手法，地方风格的住宅则适宜采用具有地方特色和历史语言的造园思路和手法。同时，还可充分利用对景、轴线、节点、路径、视觉走廊、空间的开合等手法，在空间上，园林景观设计要根据空间的开放度和私密性来构造组织（图6.3.3.1和图6.3.3.2）。

图6.3.3.1　蔚蓝海岸景观

图6.3.3.2　日本街角集合住宅

二、体现地方特征

园林景观设计要充分体现地方特征和基地的自然特色。居住区景观设计要把握自然区域和文化地域的特征，营造出富有地方特色的环境。同时居住区景观设计应充分利用区内的地形地貌特点，塑造出富有创意和个性的景观空间（图6.3.3.3）。

图6.3.3.3 万科第五园建筑水体景观

三、使用现代材料

应尽量使用当地较为常见的材料，体现当地的自然特色（图6.3.3.4和图6.3.3.5）。在材料的使用上有以下几种趋势：

（1）非标制成品材料的使用；

（2）复合材料的使用；

（3）特殊材料的使用，如玻璃、荧光漆、PVC材料；

（4）注意发挥材料的特性和本色；

（5）重视色彩的表现；

（6）DIY（Do It Youself）材料的使用，如可组合的儿童游戏材料等。

设计时要考虑维护的方便易行，才能保证高品质的环境历久弥新。

图6.3.3.4 万科第五园建筑景观材料

图6.3.3.5 东南亚海滨度假村材料

四、点线面相结合

环境景观中的各点元素经过相互交织的道路、河道等线性元素贯穿起来，使居住区的空间变得有序。在居住区的入口或中心等地区，线与线的交织与碰撞又形成面，点线面结合的景观系列是居住区景观设计的基本原则。在现代居住区规划中，必须将人与景观有机融合，从而构筑全新的空间网络（图6.3.3.6）。

图6.3.3.6　鸿瑞花园廊架景观

（1）亲地空间。增加居民接触地面的机会，创造适合各类人群活动的室外场地和各种形式的屋顶花园（图6.3.3.7和图6.3.3.8）。

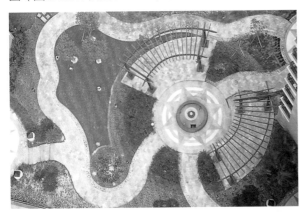

图6.3.3.7　鸿瑞花园廊架绿地景观

图6.3.3.8　日本街角公园景观

（2）亲水空间。居住区硬质景观设计要充分挖掘水的内涵，体现中、西方理水文化，营造出人们亲水、观水、听水的场所（图6.3.3.9和图6.3.3.10）。

（3）亲绿空间。硬软景观应有机结合，充分利用车库、台地、坡地、宅前屋后构造充满活力和自然情调的绿色环境（图6.3.3.11和图6.3.3.12）。

图6.3.3.9　鸿瑞花园水池

图6.3.3.10　北京龙山新新小镇喷泉景观

图6.3.3.11　鸿瑞花园景观（一）

图6.3.3.12　鸿瑞花园景观（二）

（4）亲子空间。居住区设计要充分考虑儿童活动的场地和设施，培养儿童友好、合作、冒险的精神（图6.3.3.13）。

图6.3.3.13　日本"桥头樱"街角

任务四　居住区景观设计的内容

居住区景观设计分类是依据居住区的居住功能特点和环境景观的组成元素而划分的，是以景观来塑造人的交往空间形态，突出了"场所＋景观"的设计原则，具有概念明确、简练实用的特点。景观的设计应用遍布居住区环境的各个角落，景观设计的要点就是如何对这些设计元素进行综合取舍、合理配置。

居住区景观设计的内容根据不同的特征可以分为绿地种植景观、道路景观、建筑小品景观设计和公共环境设施设计等。

一、居住区景观结构布局

从居住区分类上看，住区景观结构布局的方式如表6.3.4.1所示。

表6.3.4.1　住区景观结构布局的方式

住区分类	景观空间密度	景观布局	地形及竖向处理
高层住区	高	采用立体景观和集中景观布局形式。高层住区的景观布局可适当图案化，既可满足居民在近处观赏的审美要求，又需注重居民在居室中俯瞰时的景观艺术效果	通过多层次的地形塑造来增强绿地率
多层住区	中	采用相对集中、多层次的景观布局形式，保证集中景观空间合理的服务半径，尽可能满足不同的年龄结构、不同心理取向的居民的群体景观需求，具体布局手法可根据住区规模及现状条件灵活多样，不拘一格，以营造出有自身特色的景观空间	因地制宜，结合住区规模及现状条件适度处理地形
低层住区	低	采用较分散的景观布局，使住区景观尽可能接近每户居民，景观的散点布局可集合庭院塑造尺度适宜的半围合景观	地形塑造不宜过大，以不影响低层住户的景观视野，又可满足其私密度要求为宜
综合住区	不确定	宜根据住区总体规划及建筑形式选用合理的布局形式	适度处理地形

二、居住区绿地种植景观

1．植物配置的原则

（1）适应绿化的功能要求，选择生长健壮、抗病虫害强、易养护管理的植物的乡土树种，体现良好的生态环境和地域特点（图6.3.4.1和图6.3.4.2）。

（2）充分发挥植物的功能和观赏特点，可选树冠大、枝叶茂密的落叶和阔叶乔木。在夏天，居住区有大面积的遮阴，冬季又不遮阳光，还能吸附灰尘和减少噪声，使空气新鲜。

（3）植物品种的选择要在统一的基调上力求丰富多样。

（4）要注重种植位置的选择，以免影响室内的采光通风和其他设施的管理维护。

图6.3.4.1 集合住宅"斯蒂茨古兰茨木"庭院景观（一）

图6.3.4.2 集合住宅"斯蒂茨古兰茨木"庭院景观（二）

2. 植物组合的空间效果

植物作为三维空间的实体，以各种方式交互形成多种空间效果，植物的高度和密度直接影响空间的塑造（图6.3.4.3）。

图6.3.4.3 北京龙山新新小镇植物设计

（1）可种植绿化乔、灌、花、草结合，马尼拉、火凤凰等草类地被植物塑造绿茵盎然的植物背景，点缀具有观赏性的高大乔木，如香樟、玉兰、棕榈、银杏等，以及丛栽球状灌木和颜色鲜艳的花卉，使其高低错落、远近分明、疏密有致，层次丰富。

（2）不同地带的一定面积的小区内，木本植物种类应达到一定数量；在乔木、灌木、草本、藤本等植物类型的植物配置上应有一定的搭配组合，尽可能做到立体群落种植，最大限度地发挥植物的生态效益。种植绿化应平面与立体结合，从水平方向转向水平和垂直相结合，根据绿化位置的不同，垂直绿化可分为围墙绿化、阳台绿化、屋顶绿化、悬挂绿化、攀爬绿化等。

（3）种植绿化讲究实用性与艺术性的结合，追求构图、颜色、对比、质感，形成绿点、绿带、绿廊、绿坡、绿面、绿窗等绿色景观，同时讲究和硬质景观的结合以及绿化的维护和保养。所有这些都极大地丰富了居住区绿化的内涵。居住区的空间尺度、树种的大小、高低要与居住区的大小、建筑层次相称，应以绿化设计的立意为前提。

（4）居住区建筑物所造成的阴暗部分较多，所以选择和配置耐阴树种十分重要。保持居住环境安静，也是庭院绿化的一个主要任务，如以植篱分隔庭院，可降低噪声。植篱以高2 m左右、宽1 m左右效果较好。居室外种植乔木与住宅墙面的距离，一般应在5~8 m，避开铺设地下管线的地方。通常以落叶树为宜，常绿树要避免直对窗。

（5）花术配置宜采用孤植、丛植方式，栽植于靠近窗口或居民经常出入处，以便近赏，充分提高花木的观赏效果。室内外和院内外的绿化相结合，要考虑将自然环境和住宅环境联系起来，使两者互相衬托，相得益彰。

（6）道路两旁种植行列式乔木遮阴，根据道路的宽窄，可选择种植中、小乔木，如香樟、广玉兰、女贞、银杏等植物。

（7）居住小区的绿化设计应考虑人在使用中心理需要与观赏心理需要的吻合，做到景为人用。在住宅入口、公共走廊以及分户入口，都应引入绿化，使人们在日常生活的每一个关键区域都能够接触到绿化，绿化环境不再只是块绿地，而是一个连续的系统。

（8）好的居住区环境绿化除了应有一定数量的植物种类的种植以外，还应以植物种类和组成层次的多样性作基础，特别应在植物配置上运用一定量的花卉植物来体现季相的变化。在住宅的各个角落，应多种植一些芳香类的植物，如白兰、黄兰、含笑、桂花、散尾棕、夜来香等，营造怡人的香味环境，舒缓人们的神经，调节人们的情绪（图6.3.4.4至图6.3.4.6）。

图6.3.4.4　日本沟口花园广场植物造景

图6.3.4.5　日本M-HOUSET庭院植物造景

图6.3.4.6　西原戴克斯塔家园植物造景

三、居住区道路设计

居住区道路是居住区的构成框架，既可以疏导居住区交通、组织居住区的空间，又是构成居住区的一道亮丽风景线，并达到步移景移的视觉效果。道路两边的绿化种植及路面质地色彩的选择应具有韵律感和观赏性。

居住区内的消防车道、人行道、院落车行道合并使用时，可设计成隐蔽式车道，即在4米幅宽的消防车道内种植不妨碍消防车通行的草坪花卉，铺设人行步道，平日作为绿地使用，应急时供消防车使用，这样可以有效地弱化单纯消防车道的生硬感，提高环境和景观效果。

加强道路的对景和远景设计，以强化视线集中的观景。休闲性人行道、园道两侧的绿化种植，要尽可能形成绿荫带，并串联花台、亭廊、水景、游乐场等，形成休闲空间的有序展开，增强环境景观的层次。

园路的宽度和绿地的规模与其所处的位置、功能有关。绿地面积在50 m²以上，主路宽3~4 m，可兼做成人活动场所；绿地面积在50 m²以下，主路宽约2 m，次路1.2 m左右，通常最小宽度为1.2 m，以两人可对行为宜。路面用碎石、卵石、毛石等材料。

四、居住区建筑小品设计

居住区小游园主要服务对象是老人和儿童，主要活动方式有观赏、休息、游玩、体育活动和课外阅读等。根据游人不同年龄、特点划分活动场地和确定活动内容，场地间要有分隔，布局既要紧凑，又要避免相互干扰。场地一般设在入口附近，稍靠边缘的独立地段上。儿童游戏场不需要很大，但活动场地应铺草皮或选用持水性较小的沙质土铺地或海绵塑胶面砖铺地。

建筑小品是居住区景观不可或缺的组成部分。在苏州古典园林中，芭蕉、太湖石、花窗、石桌椅、楹联、曲径小桥等，是古典园艺的构成元素。当今的居住区景观中，园林建筑小品则更趋向多样化，一堵景墙、一座小亭、一片旱池、一处花架、一堆块石、一个花盆、一张座椅，都可成为现代景观中绝妙的画面（图6.3.4.7至图6.3.4.11）。

图6.3.4.7 赖田白影之庭树木造景

图6.3.4.8 鸿瑞花园水景

图6.3.4.9 万科第五园景墙台阶景观

图6.3.4.10 日本"桥头樱街角"景墙照明景观

图6.3.4.11 洛杉矶艺术中心住宅中庭景观

五、公共环境设施设计

在居住区中有许多方便人们使用的公共设施，如路灯、指示牌、信报箱、垃圾桶、公告栏、单元牌、电话亭等。比如居住区灯具就有路灯、广场灯、草坪灯、门灯、泛射灯、建筑轮廓灯、广告霓虹灯等，仅路灯又有主干道灯和庭院灯之分。这些小品如经过精心设计，也能成为居住区环境中的闪光点，休现出"于细微处见精神"的理念（图6.3.4.12和图6.3.4.13）。

图6.3.4.12　私家花园

图6.3.4.13　日本千叶空中高级公寓小品景观

项目四　城市公园景观规划设计

任务一　城市公园的概念

　　城市公园是城市开放空间的重要组成部分，土地和设施是公共享用的，它和居住区游园一起构成了城市绿地系统，共同起到改善和调节城市小气候的作用。城市公园是城市建设和人民生活中一个十分重要的基础设施，是以动物、植物等自然要素为主，建筑为辅，以一定的科学技术和艺术规律为指导建造的环境优美的空间景域。城市公园是城市文明和繁荣的象征，是供群众休养、观赏、游戏、游憩、运动和进行宣传教育的场所，一个功能齐全而独具特色的休闲文化公园可以反映一个城市的文明进步水平和对人的需

求的满足程度（图6.4.1.1至图6.4.1.3）。

图6.4.1.1　日本滨名湖花博会

图6.4.1.2　上海复兴公园

图6.4.1.3　北京奥林匹克公园

任务二　城市公园的层次分类

　　按层次划分，城市公园可分为综合性公园、儿童公园、动物园、植物园、街头公园、历史名园、主题公

园、博览会公园、雕塑公园、城市广场、森林公园。

任务三　综合性公园

一、城市公园设计原则

1. 表达对大自然的向往方面

（1）创造从美学上富于变化的环境；

（2）在面对赏心悦目的自然风景的绿地里放置长椅；

（3）在公园里保留一块让植物自然生长的区域；

（4）在自然环境中沿着自然环境设置蜿蜒曲折的道路；

（5）提供一些可以让人坐下来的区域；

（6）单独提供桌子给那些想在此地吃饭、读书或在自然环境中进行户外学习的人；

（7）给那些不需大量修剪的树木适当的空间；

（8）用解说性标牌标明植物的名称，公园设施的特色以及公园的历史。

2. 与人交往的需求方面

在公园中一般有两类公开的社交行为（图6.4.3.1），即与他人一起到公园，或到公园希望碰到定期去公园的朋友或其他人，可从以下方面入手。

（1）会面空间的设计易于描述形容；

（2）恰当选择座椅的安排方式，以满足希望的社交方式；

（3）提供野餐桌；

（4）为那些具有自发组织特征的交往环境提供可以移动的座椅；

（5）提供视觉上有吸引力的穿行路线；

（6）设置区域，允许固定的使用群体将某些地块设为自己的"领地"（功能分区）；

（7）创造一个交通系统，连接但不穿越所有的社交中心；

（8）提供一个相对开放的布局，可以让人很快地将公园扫视一遍。

图6.4.3.1　人在公园的行为

二、现状分析

现状分析包括公园在城市中的位置；附近公共建筑情况；停车场；交通状况；游人人流方向；公园的现有道路广场情况；多年的气候资料；历史沿革和使用情况；规划界限；现有植物状况；园内外地下管线种类、走向、管径等情况。

三、功能分区

1. 安静休息区

安静休息区主要作为游览、观赏、休闲之用，要求有人密度低，应有100m²/人的绿地。设施一般有山石、水体、名胜古迹、花草树木、盆景、雕塑、建筑小品，可以开展划船、散步、休息、喝茶等活动。

2. 文化娱乐区

文化娱乐区是较热闹的人流集中的具有文化品位的活动区，设施主要有俱乐部、游戏场、舞池、（旱）冰场、画廊、游泳池等。该区人流较多，设置应接近出入口，人均用地大约为30 m²/人。

3. 儿童活动区

区内设置儿童游戏场、戏水池、游乐器械、儿童体育活动设施。人均用地应达到50 m²/人。花草树木品种要多样化，不要带刺带毒。此外考虑到儿童需要大人照顾，还要设置一些桌凳、厕所、小卖部。

4. 服务设施

服务设施项目要齐全，包括指示路牌、垃圾箱、园椅、电话、广播室等，尽量使游人感觉方便适宜。此外，还包括园务管理区，设置办公室、工具间、仓库、修理点等，这些要与游人隔离。

任务四 儿童公园

一、儿童公园的类型

儿童公园可分为综合性儿童公园、特色性儿童公园、小型儿童乐园（图6.4.4.1和图6.4.4.2）。

图6.4.4.1 加拿大多伦多湖心岛公园故事会和儿童行为场所（一）

图6.4.4.2 加拿大多伦多湖心岛公园故事会和儿童行为场所（二）

二、儿童公园的规划

1. 儿童公园的设施

学龄前儿童设施包括小木屋、亭廊、草地、沙坑、假山、梯架、跳台、滑滑梯、秋千等。学龄儿童设施包括体育设施、大型游乐设施、水上、冰上活动设施、科普馆等。成年人适用设施有休息亭廊、座椅等。

一般来说，儿童玩具有滑梯、组合滑梯、各种风格滑梯，风车、木马以及近年来出现的各种新款式，摇马、海盗船、太空船等；此外，还有钻、爬、荡等功能的玩具。

2. 儿童公园功能分区

儿童公园功能分区一般分为幼儿区、学龄儿童区、体育活动区、娱乐区、科普活动区、办公管理区等。

三、设计要点

（1）按照不同年龄儿童使用比例划分用地，并注意日照、通风等条件；

（2）绿化面积宜占50%左右，绿化覆盖率占全园的70%以上；

（3）道路网简单明了，路面平整，适于儿童车、推车行走；

（4）注意场地排水，提高儿童户外场地的使用率；

（5）建筑形象生动，色彩鲜明生动。

此外，绿化配置要注意避免选择有毒、带刺和多病虫害的植物。

任务五 博览会公园

博览会公园的典型代表为日本爱知世博会。日本爱知世博会（EXPO 2005 AICHI, Japan）的主题是"自然的智慧"，于2005年3月25日至9月25日（共185天）在日本爱知县的濑户市、长久手町和丰田市举行，占地面积约为173公顷，分为海上区域和青年公园两部分。

会场规划在爱知的山村地带，那里有低山、沟谷、水塘等，是一处非常优美而敏感的自然地带。会场设计最大限度地保留原有生态环境，使自然与新建设施相互融合。而在世博会结束后，将拆除所有场馆，恢复为原来的公园。

以3R，即减少（Reduce）、再利用（Reuse）、再循环（Recycle）理念作为世博会举办的原则和精神。

任务六　湿地公园

一、湿地概况

所谓湿地，是指其为天然或人工、长久或暂时之沼泽地、泥炭地或水域地带，带有静止或流动、咸水或淡水、半咸水水体者，包括低潮时水深不超过6m的水域。因此，湿地不仅仅是指人们传统观念中的沼泽、滩涂等，还包括部分河流、湖泊、鱼塘、水库和稻田。

湿地环境是与人们联系最紧密的生态系统之一，对城市湿地景观进行生态设计，加强对湿地环境的保护和建设具有重要意义。首先，充分利用湿地渗透和蓄水的作用来降解污染，疏导雨水的排放，调节区域性水平衡和小气候，提高城市的环境质量。其次，湿地能为城市居民提供良好的生活环境和接近自然的休憩空间，促进人与自然和谐相处，促进人们了解湿地的生态重要性，在环保和美学教育上都有重要的社会效益。一定规模的湿地环境还能成为常住或迁徙途中鸟类的栖息地，促进生物多样性的保护。此外，利用生态系统的自我调节功能，可减少杀虫剂和除草剂等的使用，降低城市绿地的日常维护成本。

由于人类与湿地相互依存的关系，1971年2月2日在伊朗的拉姆萨通过了《关于特别是作为水禽栖息地的国际重要湿地公约》（简称《湿地公约》），旨在认证、保护并促进合理使用全球范围内具有重要生态意义的湿地系统。相应于对湿地重要性认识的提高，许多国家也积极投入到对各类广义湿地的保护和恢复的行动中，包括在规划人类居住区时更多地考虑体现其自然环境的意义。

城市的湿地景观是城市景观的重要组成部分。由于湿地系统在生态上具有重要的调节作用，在对其进行景观设计时，应充分考虑生态方面的设计。景观设计师需要在思想中树立生态的观念，从而在对城市湿地系统的景观设计中做到美学与生态兼顾，使自然与人类生活环境有良好的结合点，达到人与自然的和谐。

二、湿地公园设计

1. 湿地公园简介

香港湿地公园（图6.4.6.1）占地61万平方米，是环境保护实践和可持续发展两者相结合的首个范例。它充分发挥了自然保护、旅游、教育和市民休闲娱乐等多种功能，因此在香港或整个亚洲都是独一无二的。这块土地将成为生态缓解区，以补偿因填水围起的都市而失去的湿地，并且成为缓冲地带，分隔天水围与后海湾拉姆萨尔公约湿地和东北面的米埔沼泽区。香港湿地公园将成为一项重要设施，展现香港湿地生态系统的丰富多样，突显保护生态环境的重要性。借着这个发展项目，可以做到以下几个方面：

（1）创建一个世界级的游览胜地；

（2）丰富国际游客在香港的旅游体验；

（3）缓解米埔湿地自然保护方面的压力；

（4）成为独具特色的教育和资源中心；

（5）支持国际重要湿地的保护；

（6）提供环境教育机会和加强公众对重建自然栖息地的了解。

图6.4.6.1　香港湿地公园湿地景观

2. 设计手法

渔农自然护理署聘请了Met Studio 设计公司和英国野生鸟类与湿地基金会对该项目制定战略性管理规划，主要概括了用来指导下一阶段湿地公园设计的目标以及导则、教育主题和湿地这一媒介，以传达给参观者关于保护和可持续性的关键信息，如湿地的生物多样性和生态关系，人与自然相互依存的理念以及与可持续理念相协调的生活模式调整的需要等。建筑署在设计工程计划的各个工作项目时，一直视环保问题为最主要的考虑因素。这些工作项目包括公园布局、公园预算用途的等级、建筑形式、景观和栖息地的创造、建筑配套安装和材料的选择（图6.4.6.2）。

图6.4.6.2　香港湿地公园远眺景观

3. 公园布局

游客设施由一个室内游客中心和室外展览区两大部分组成。当公园完全建成时，每年将接待超过70万游客。管理大量游客所带来的人类活动干扰，避免与关键的环境原则相冲突，是布局选择的首要原则。

由于游客中心将成为最重要的旅游景点，因此它被刻意安排在接近入口和城市的位置。为了避免对栖息地不必要的侵扰，停车场和其他基础设施的面积被有意地降至最小。游客中心后面会有一系列针对主题、传达教育信息的展览花园、展览池塘和人造生境，一步一步引领游客到分馆的湿地探索中心或户外教室，接着沿浮桥到达观鸟屋，再前往较接近拉姆萨尔公约湿地的偏远外围生境。到这个范围参观的游客应会远少于游客中心。游客中心为了体现整体环境融

入自然的思想，隐藏在人造山坡之下。不仅如此，越深入公园，建筑物的高度和设施的密度就会越低，离城市越远而与拉姆萨尔公约湿地越近，游人眼底尽是人造的天然生境（图6.4.6.3）。

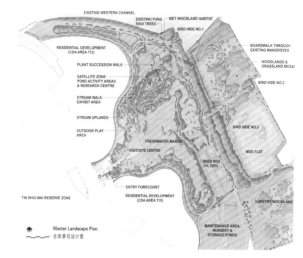

图6.4.6.3　香港湿地公园平面图

4. 第一期建筑

建筑署在第一阶段建造了一个小型展示廊，用来展示系列湿地栖息地和外部景观，并向游客介绍香港的湿地植物和动物。工程小组希望可从设计中体现出正确的环保原则和持续发展的方法。这些概念最终成为湿地公园教育题材的一个重要部分，其中包括天然材料等；尽可能使用自然通风和采光；空调方面试用地热冷却系统；以及大量使用在香港苗圃不常见的乡土湿地植物物种。

5. 第二期设计原则

湿地公园的设计始终以环保为首要原则。游客踏足公园，便会很容易见到这些顾及环保的设计。主馆的游客中心占地约10 000 m²，设有多个展藏丰富的展览馆，分布两层。整座主馆隐藏在一片草坪之下，从入口广场看，仿佛前面升起一座绿色的山丘。这一设计，除了突显出工程计划顾及环境因素外，也有助提高主馆建筑的能源使用效率。屋顶建造形式，加上仔细旋转角度，减少了太阳辐射，使得这座建筑的热传导总值非常低。通过采用高效的地热系统，使用地面作为热量交换的空调/加热系统，避免了排风孔、冷却塔和其他设备的使用。同时游客可以毫无障碍地

在缓缓倾斜的草坡屋顶上漫步，欣赏周围的湿地风光。

可持续的概念在建筑的各处得以体现。特别是在有河道贯穿、连接外面湿地的中庭以及部分展廊和洗手间。大量采用木制百叶装置，制造遮荫效果，特别是在面向主要湖泊的玻璃幕墙。这些百叶装置可同时用作噪声和视觉屏障，以尽量减小对已开始在湿地定居繁殖的大批水鸟造成的影响。

沿入口坡道南侧设置并且穿过中庭的循环利用的砖墙，减轻了太阳辐射对建筑的影响。在游客中心里，一条贯穿整个展廊的环形坡道既方便了残疾人的使用，也减少了对机械搬运的需要；洗手间采用6升的低容量水厕，减少了水的消耗。

6. 展廊

展廊通过展览世界级的展品，向游人介绍湿地的重要性、全球分布情况和其惊人的多样性，进一步向游人展示主题。展品中包括一个按原样复制的热带雨林泥滩沼泽生态系统，另一个展廊通过人类文化和湿地之间的历史，展示人与湿地之间的亲密关系。游客有机会成为湿地电视台的记者，调查湿地正在遭受的威胁，并学习该如何去做（图6.4.6.4和图6.4.6.5）。展廊具体目标如下：

（1）增强参观者对湿地功能和价值的认识；

（2）使参观者体会到自然的重要性并增加其在自然多样性方面的知识；

（3）鼓励参观者采取行动调整其生活方式，以更符合可持续发展的要求；

（4）为所有参观者提供休闲娱乐的机会。

图6.4.6.4　展廊节点（一）

图6.4.6.5　展廊节点（二）

7. 景观和户外工程

从室内展廊空间到室外重建湿地展示空间的过渡自然而流畅，而探索中心是一座户外教育中心，周边环绕着解释性的点水池。游客在这里可以观察水体中的各种生物，认识如何管理公园和通过简单的机械装置控制水位，还能了解到历史上曾经是中国内地和香港居民重要生产生活方式的各种湿地农耕方法。

分馆在设计上收集雨水冲洗厕所，并依靠自然通风，通过天窗的巧妙利用使得太阳辐射降至最低。在景观设计中，乡土植物占主导地位，这样不仅可以尽可能地模拟自然生境，而且能够将维护成本和水资源的消耗降到最低。通过水系统的设计，使来自于生态缓解区淡水湖的水通过循环又回到湖中，从而减少了水资源的消耗。简单的灌溉系统主要用来辅助植物景观的建立和维护，而且仅在晚上使用，以降低蒸发和消耗，并保证不与游客发生冲突。户外照明装置仅限于入口广场和建筑入口坡道，在湿地公园的大部分区域没有照明设备，以减少对野生生物的干扰，降低能源消耗。

8. 可持续发展设计和再生材料

香港特别行政区建筑署采用可持续发展的原则对该工程计划进行设计，因此十分注重物料的选择。优先采用可以更新的软木材，广州某传统中式建筑拆下来的砖被重新做成入口坡道和中庭的墙。

在植物景观中，除乡土植物材料的运用之外，第一期花园中原有乔木和灌木都被尽可能地保留。在第一期的建筑转变成接待中心和售票室以后，树木或保留在原地，或迁到公园的其他位置。第一期中的许多材料都被重新利用，包括从军器厂街警察总部拆卸下来的花岗石废料，动物折纸造型的雕塑以及笼墙所用的周边流浮山渔村中弃置的蚝壳。

9. 建筑配套设施安装

在项目的建筑配套设施安装中也考虑环保因素，因此能源利用率特别高，同时运营费用非常低。湿地公园是香港第一个在空调设施中采用地温冷却系统的重要项目。该系统在视觉及景观方面也有优点。由于所有散热设备均藏在地下，因此建筑物的外墙整齐美观，草坪屋顶也不会堆满管道、抽气扇及冷凝器等设备。在施工过程中始终注意尽可能减少对生态环境的负面影响。

香港湿地公园代表了在建筑设计和景观设计中实现可持续发展和体现环境意识的最终目标，并且突出展示了景观设计师在这类大尺度、多学科合作的复杂项目中能够起到战略指导作用。建筑署认为这一项目成功地处理了各项目标之间的可能冲突。建成后的湿地公园不仅是一个世界级的旅游景点，而且更是重要的生态环境保护、教育和休闲娱乐资源。

任务七　城市公园的设计理念

公园设计的指导思想是采用适当的手法满足人们的使用需求。针对不同层次或级别的公园，还要根据有关的规范，考虑其使用对象和服务范围，并结合场地特点，做出功能较为完善又有地方特色的设计方案。

项目五　城市滨水区景观规划设计

任务一　城市滨水区概述

从广义上来说，城市滨水区是指城市范围内水域

与陆地相接的一定范围内的区域，包括一定的水域空间和与水体相邻近的城市陆地空间，是自然生态系统和人工建设系统相互交融的城市公共开敞空间。其特点是水与陆地共同构成环境的主导要素，相互辉映，成为一体，是独特的城市建设用地。城市滨水区既是陆地的边缘，又是水体的边缘，分为滨海、滨江、滨河、滨湖等类型（图6.5.1.1至图6.5.1.3）。

图6.5.1.1　滨海公园（一）

图6.5.1.2　滨海公园（二）

图6.5.1.3　大梅沙海滨公园

近年来，滨水区由于其所处的特殊空间地段，往往具有城市的门户和窗口的作用，城市转型为滨水地段的开发提供了契机，同时北美早期案例的成功实施也是人们开始认识到滨水区开发所具有的潜在的巨大

社会、经济价值。从不同侧面对特色滨水区景观进行分析与分类，从而形成一套行之有效的设计方法与理念，使特色滨水区景观对城市的物理环境和人文构建起到应有的作用（图6.5.1.4和图6.5.1.5）。

图6.5.1.4　加拿大东南福溪滨水公园生态景观

图6.5.1.5　滨河景观

任务二　滨水区的功能

一、城市滨水区是构成城市公共开放空间的重要部分

城市滨水区是城市公共开放空间中兼具自然地景和人工景观的区域，常常将这一地段称为蓝道（blueways），它们与绿化带构成的绿道（greenways）一起，形成了开放空间与水道紧密结合的优越环境，成为城市空间环境与景观的点睛之笔（图6.5.2.1和图6.5.2.2）。

图6.5.2.1　加拿大东南福溪滨水公园景观

图6.5.2.2　台湾淡水渔人码头

二、滨水地带是典型的生态交错带

河流是最重要的生态廊道之一，城市滨水区的自然因素能够使人与环境间达到和谐、平衡的发展；在经济层面上，城市滨水区往往因其在城市中具有开阔的水面空间而成为旅游者和当地居民喜好的休闲区域；滨水地段是城市与自然的结合和过渡，是典型的生态交错带，也是城市公共空间中兼具自然地景和人工景观的区域，具有自然、开放、方向性强等特点。

三、城市滨水区提高了城市的可居住性

城市滨水区以水域为中心，往往构成城市中最具活力的开放性社区，形成丰富的城市生活肌理。

四、城市滨水区对于一个城市的整体感知意义重大

城市滨水区的公共开放空间是构成城市骨架的主导要素之一，并增强了城市的可识别性。城市的地区风格，不论是"土地风貌"，还是"场所风貌"，都包含在和人文相联系的形态印象中，而滨水地段往往是一个城市发展最早的区域，也最容易保留城市最有历史性和地方性的记忆要素（图6.5.2.3和图6.5.2.4）。

图6.5.2.3 台湾淡水渔人码头夜景

图6.5.2.4 日本滨名湖花博会

五、城市滨水区带来经济效应

一项成功的大型滨水开发工程，在赋予滨水区崭新用途的同时，往往能增加政府税收、创造就业，促进新的投资，并获得良好的社会形象，进而带动城市周边地区的发展。

六、城市滨水区推动社会效应

滨水环境的改善和丰富的活动，能为滨水区的复兴凝聚人气，带来活力和需求，增加就业机会，创造拉动全市经济发展的契机（图6.5.2.5）。

图6.5.2.5 日本本州岛河流公园滨水景观

任务三 城市滨水区开发的动力和契机

（1）滨水区原有工业、港口用地被大量弃置，提供了廉价而区位良好的城市建设用地。

（2）生活方式和社会潮流的转变使滨水区成为城市中最具吸引力的区域。

（3）产业调整和环境空间整治为滨水区开发创造了条件。

（4）历史保护思潮的兴起促进了对滨水区历史性建筑的修缮。

（5）为寻求新的经济增长点，政府对滨水区开发给予引导和鼓励。

任务四 城市滨水区开发的特点和趋势

一、城市滨水区开发的特点

环境保护和可持续发展，要想使滨水区开发成功，治理水体、改善水质、美化环境是基本的保证；用地功能重组，在滨水区开发中，对用地功能进行重组，注入一系列新功能，包括公园、步行道、餐馆、娱乐场，以及混合功能空间和居住空间；交通组织和步行化设计，尽量减少穿越滨水区的主要交通干道对滨水区的影响，通常的做法是将其地下化和高架处理。同时，创造一种

宜人的幽雅的滨河步行系统正成为一种时尚和共识。只有吸引更多的步行人流，沿街的商店和广场才能增加人气，起到带动经济发展的作用。

二、城市滨水区开发的趋势

为了保护历史建筑与传统文化，人们开始以文化旅游为导向，重新审视历史建筑和景观保护改造；精心设计滨水区景观，形成共享性的城市亲水区，城市滨水区临水傍城，有良好的区位优势，滨水区多数是展现当地特色建筑文化和城市景观的窗口，许多城市的滨水景观本身就是城市的标志和旅游形象，因而城市滨水区的景观在国外城市滨水区开发中备受重视；开发与规划管理，20世纪90年代末以来，我国城市兴起了滨水区再开发的热潮，这股热潮既有滨海、滨江的港口城市，也有属于季节性河流的内陆城市；既有处于江南水乡的城市，也有水资源相对短缺的北方城市；既有历来就以水景著称的城市，也有从未以水闻名的城市；既有千万人口的国际化大都市，也有数万人口的县级小城镇。

任务五　滨水区特色景观的分类

按照人类活动对滨水区域的影响程度，城市滨水区域景观可分为自然景观型与人工景观型两种类型。按照滨水绿地用地的类型可分为商业性滨水景观、工业性滨水景观、休闲性滨水景观和交通性滨水景观。

任务六　滨水区景观特征

滨水区景观具有亲水性、地区性、可识别性、人文性、公共性和生态性等特征（图6.5.6.1和图6.5.6.2）。

任务七　滨水区景观分类

滨水区景观构成的基本分类：

（1）客观方面：分为河流、沿岸和跨越结构。

图6.5.6.1　加拿大东南福溪滨水公园亲水平台景观

图6.5.6.2　加拿大东南福溪滨水公园生态环境景观

河流由河道（平面形状、纵横断面形状、高河滩等）、河道内的局部地形、植被（树木、防护林、草坪等）、水面（流向、水质、倒影等）、河流的构筑物（堤防、护岸、水闸等）和河流附属设施（长椅、展板、路灯等）。沿岸分为道路（人行道、自行车道、通道等）、道路附属设施（路标、路灯、电杆等）、建筑物（大厦、住宅等）和空地（公园、广场等）。跨越结构分为桥梁（公路桥、铁路桥、高架桥等）和其他（供电线、管线栈桥等）

（2）主观方面：分为远景、人的活动、自然生态和变动因素。远景分为自然景观（树木、草地等）和人工景观（高层大厦、城郭、烟囱等）。人的活动分为人、汽车、自行车、船等。自然生态分为鸟、鱼等。变动因素分为季节、气候、时间等。

任务八　城市滨水区休闲空间类型特征

城市滨水区按休闲空间类型可分为亲水空间、近水空间和远水空间（表6.5.8.1）。

表6.5.8.1　城市滨水区纵向景观序列及其特征

空间类型	位置	人的活动特征	空间特征	观视状态
亲水空间	从江面至防洪堤	观水、戏水	开敞式	良好的植被序列，远视效果良好
近水空间	防洪堤与城市滨水大道之间	观水、休闲、娱乐、健身	半开敞式，或开或合	近距离观视
远水空间	紧靠城市运行体制的地区	生活、休闲、娱乐	封闭空间	背景层次

现代滨水区休闲空间的便利性、连续性、适配性、亲水性、生态性和美感性共同构筑了完整的城市滨水休闲空间的设计框架，改善了滨水休闲空间的健康状况，并能促进滨水休闲空间生长的生机与活力（图6.5.8.1和图6.5.8.2）。

图6.5.8.1　加拿大东南福溪滨水公园木栈道景观（一）

图6.5.8.2　加拿大东南福溪滨水公园木栈道景观（二）

任务九　滨水休闲活动分类

滨水休闲活动包括旅游休闲、运动休闲、交往休闲、娱乐休闲、游憩休闲等。旅游休闲活动包括度假旅游、观光旅游、名胜旅游、野营、访古参观等。运动休闲活动包括各种球类、健美、游泳、晨练等。交往休闲活动包括聚会、餐饮、下棋、约会等。娱乐休闲活动包括影剧、音乐、舞蹈及各种表演、游戏。游憩休闲活动包括散步、划船、潜水、垂钓等。此外，滨水休闲活动还包括各种各样欢乐的节日和民俗活动。

在大众行为活动中，游人被动地对行为"支持"只能促进浅度的亲水活动类型，以参与性为特征的"行为倡导"则可激励与诱发更深层次的亲水活动。从而使滨水空间更有效地介入大众生活，成为城市中心区域重要的组成部分。

在日本举办的一些亲水活动中，孩子们的活动与嬉闹吸引了更多的人参与。对参与性行为的诱导使新一层次的行为活动得以深化发展。这种新颖的"间歇喷泉"成为游客记忆中对水的新经验，也成为这一特定环境的一种标识性印象之一（图6.5.9.1）。

图6.5.9.1　滨水休闲活动

任务十　滨水区特色景观的设计原则

（1）自然生态和人文景观敏感度的保护原则：景观规划设计应注重"创造性保护"工作，不仅要合理地调配地域内的有限资源，也要保护该地域内美景和生态自然，尽量大量采用当地乡土植物，利用项目地原本的植物，尊重并传承当地人文历史。

（2）局部与整体的有机联系原则：景观设计应

与建筑设计相结合，达到整体与局部的融合。每个景观节点之间应该有机地联系在一起，互相呼应。

（3）人文景观的特色性和可识别性原则：设计出具有当地特色的人文景观。

（4）以人为本的可达性和舒适性原则：滨水景观设计应将审美功能和实用功能有机融合在一起，营造出宜人的城市生态环境。

（5）多样性原则：在设计时，应强调场所的公共性、功能内容的多样性、水体的可接近性及滨水景观的生态化设计，创造出市民及游客渴望滞留的休憩场所（图6.5.10.1和图6.5.10.2）。

图6.5.10.1　加拿大战争博物馆滨水景观

图6.5.10.2　沃尔夫斯堡汽车城滨水景观

项目六　旅游风景区景观规划设计

任务一　旅游风景区规划设计的含义

旅游风景区规划设计是保护培育、开发利用和经营管理风景旅游区，并发挥其多种功能作用的统筹部署和具体安排。经相应的人民政府审查批准后的风景旅游区规划设计，具有法律权威，必须严格执行。

旅游风景区规划设计的目的是实现风景优美、设施方便、社会文明，并突出其独特的景观形象、游赏价值和生态环境，促使风景区适度、稳定、协调和可持续发展（图6.6.1.1）。

图6.6.1.1　澳大利亚马真塔度假胜地景观（一）

任务二　旅游风景区规划设计的内容

（1）综合分析评价现状，提出景源评价报告；

（2）确定规划设计依据、指导思想、规划设计原则、风景区性质与发展目标，划定风景区范围及其外围保护地带；

（3）确定风景区的分区、结构、布局等基本构架，分析生态调控要点，提出游人容量、人口规模及其分区控制；

（4）制定风景区的保护、保存或培育规划设计；

（5）制定风景游览欣赏和典型景观规划设计；

（6）制定旅游服务设施和基础工程规划设计；

（7）制定居民社会管理和经济发展引导规划设计；

（8）制定土地利用协调规划设计；

（9）提出分期发展规划设计和实施规划设计的配套措施（图6.6.2.1和图6.6.2.2）。

图6.6.2.1　澳大利亚马真塔度假胜地景观（二）

图6.6.3.2　澳大利亚马真塔度假胜地景观（五）

图6.6.2.2　澳大利亚马真塔度假胜地景观（三）

图6.6.3.3　澳大利亚马真塔度假胜地景观（六）

任务三　旅游风景区规划设计的特点

旅游风景区规划设计既具有常见规划设计或计划工作的目的性和前瞻性特征，又具有风景区规划设计的特点（图6.6.3.1至图6.6.3.3），包括以下方面：

（1）突出地区特征。

（2）调控动态发展。

（3）重在综合协调。

（4）贵在整体优化。

任务四　旅游风景区规划设计的依据

旅游规划设计的主要依据包括国家的有关法律法规，国家各项技术标准规范（如《风景名胜区规划设计规范》），风景区的基础资料，大气、水、土壤等环境标准，道路、交通、水电等各项工程技术标准规范。

任务五　旅游风景区总体规划设计

在风景区规划设计中，根据主要功能发展需求而划分的一定用地范围，形成相对独立的功能分区特

图6.6.3.1　澳大利亚马真塔度假胜地景观（四）

征。其作用在于通过规划，把风景区划分为功能各异、大小不同的空间，使公园及各景区的主题明确，便于游客游览和风景区的经营管理。

风景区随各区的规模与特点不同而有所不同，一般由游览区、运动休闲区、野营区、科学研究区、教学考察区、修养疗养区、游览接待区、行政管理区、生产经营区等组成。

风景区的游览方式有空游、陆游、水游、地下游览等。在游线组织方面应根据景观特征、游赏方式、游人结构、游人体力与游行规律等因素，精心组织主要游线和多种专项游线。

风景名胜区的保护与开发，一直是困扰风景名胜区建设的问题。事实上，保护与开发是一个矛盾的统一体，《世界自然资源保护大纲》将保护与开发定义如下：

（1）保护：对人类利用生物圈加以经营管理，使其能产生最大而且持续的利用，同时保护其潜能，以满足未来人们的需要与期望。

（2）开发：改变生物圈并利用人力、财力、有生命及无生命资源，满足人类需要，改善生活品质。

风景名胜区的保护与开发应以景观生态学为理论基础，实施"综合保护，有限开发"的原则，即生态平衡的原则。保护不是封闭，保护的目的是为了使风景名胜区能够永续利用，可持续发展；开发不是破坏，开发的目的是为了使风景旅游区能够合理被利用，让它更好地为人类服务。

参考文献

［1］彭一刚. 中国古典园林分析［M］. 北京：中国建筑工业出版社，1986.

［2］刘敦桢. 苏州古典园林［M］. 北京：中国建筑工业出版社，2005.

［3］吴家骅. 景观形态学：景观美学比较研究［M］. 叶南，译. 北京：中国建筑工业出版社，1999.

［4］曹瑞忻，汤重熹. 景观设计［M］. 北京：高等教育出版社，2003.

［5］林玉莲，胡正凡. 环境心理学［M］. 2版. 北京：中国建筑工业出版社，2006.

［6］钟训正. 建筑画环境表现与技法［M］. 北京：中国建筑工业出版社，1989.

［7］（美）约翰·O·西蒙兹，巴里·W·斯塔克. 景观设计学：场地规划与设计手册［M］. 俞孔坚，王志芳，孙鹏，译. 北京：中国建筑工业出版社，2000.

［8］（美）汉尼鲍姆. 园林景观设计实践方法［M］. 宋力，译. 沈阳：辽宁科学技术出版社，2004.

［9］王晓俊. 风景园林设计［M］. 南京：江苏科学技术出版社，2000.

［10］杨赉丽. 城市园林绿地规划［M］. 北京：中国林业出版社，1995.

［11］王浩，谷康，孙新旺，等. 城市道路绿地景观规划［M］. 南京：东南大学出版社，2005.

［12］刘文军，韩寂. 建筑小环境设计［M］. 上海：同济大学出版社，1999.

［13］周俭. 城市住宅区规划原理［M］. 上海：同济大学出版社，1999.

［14］田银生，刘韶军. 建筑设计与城市空间［M］. 天津：天津大学出版社，2000.

［15］朱家瑾. 居住区规划设计［M］. 北京：中国建筑工业出版社，2000.

［16］刘延枫，肖敦余. 低层居住群空间环境规划设计［M］. 天津：天津大学出版社，2001.

［17］徐磊青，杨公侠. 环境心理学：环境、知觉和行为［M］. 上海：同济大学出版社，2002.

［18］金涛，杨永胜. 居住区环境景观设计与营建［M］. 北京：中国城市出版社，2003.

［19］（美）林奇. 城市的印象［M］. 项秉仁，译. 北京：中国建筑工业出版社，1990.

［20］王向荣，任京燕. 从工业废弃地到绿色公园——景观设计与工业废弃地的更新［J］. 中国园林，2003（3）.

［21］陈炯. 景观设计基础教程［M］. 上海：上海人民美术出版社，2008.

［22］郑曙旸. 景观设计［M］. 杭州：中国美术学院出版社，2002.

［23］郑宏. 环境景观设计［M］. 北京：中国建筑工业出版社，1999.

［24］王向荣，林箐. 西方现代景观设计的理论与实践［M］. 北京：中国建筑工业出版社，2002.

［25］（美）拉特利奇. 大众行为与公园设计［M］. 王求是，高峰，译. 北京：中国建筑工业出版社，1990.

［26］（美）克莱尔·库珀·马库斯，（美）卡罗琳·弗朗西斯. 人性场所：城市开放空间设计导则［M］. 俞孔坚，孙鹏，王志芳，等，译. 北京：中国建筑工业出版社，2001.

［27］（丹麦）扬·盖尔. 交往与空间［M］. 何人可，译. 北京：中国建筑工业出版社，2002.

［28］杨辛，甘霖. 美学原理［M］. 北京：北京大学出版社，1983.

［29］常怀生. 建筑环境心理学［M］. 北京：中国建筑工业出版社，1990.

［30］马铁丁. 环境心理学与心理环境学［M］. 北京：国防工业出版社，1996.

［31］冯炜，李开然. 现代景观设计教程［M］. 杭州：中国美术学院出版社，2002.

［32］刘滨谊. 现代景观规划设计［M］. 南京：东南大学出版社，1999.

［33］（日）志水英树. 建筑外部空间［M］. 张丽丽，译. 北京：中国建筑工业出版社，2002.

［34］日本土木学会. 滨水景观设计［M］. 孙逸增，译. 大连：大连理工大学出版社，2002.

［35］（美）诺曼·K·布思. 风景园林设计要素［M］. 曹礼昆，曹德鲲，译. 北京：中国林业出版社，1989.